线性系统及其控制

张 琼 著

科学出版社

北京

内 容 简 介

本书主要介绍线性系统的控制理论,包括系统的稳定性、能控性、能观性、能稳性、能检测性、最优控制等基本概念与相关理论,也简要讨论了非线性系统的稳定性以及一些无限维系统的衰减性质。旨在使读者全面了解控制理论的整体状况,为推动后续的学习和研究起到抛砖引玉的作用。

本书可以作为控制理论研究者的参考书,以及具有初步泛函分析、微分方程基础的高年级本科生或研究生的教科书。

图书在版编目(CIP)数据

线性系统及其控制/张琼著. —北京:科学出版社,2017.3
ISBN 978-7-03-052326-6

I. ①线… II. ①张… III. ①线性系统 IV. ①O231.1

中国版本图书馆 CIP 数据核字(2017) 第 052775 号

责任编辑:赵艳春 / 责任校对:桂伟利
责任印制:徐晓晨 / 封面设计:迷底书装

科 学 出 版 社 出版
北京东黄城根北街 16 号
邮政编码:100717
http://www.sciencep.com

北京建宏印刷有限公司 印刷
科学出版社发行 各地新华书店经销

2017 年 3 月第 一 版 开本:720×1000 1/16
2018 年 10 月第二次印刷 印张:9 1/2
字数:160 000
定价:58.00 元
(如有印装质量问题,我社负责调换)

前　言

　　控制论是诺伯特·维纳等在 20 世纪 40 年代创立的, 现在已发展为具有广泛应用背景和深刻理论内涵的学科. 本书主要以有限维线性系统为分析对象, 介绍控制理论的一些基本概念和问题. 此外也穿插一些非线性系统和无限维系统的控制问题. 从而帮助读者深刻理解系统的控制问题以及解决问题的思想方法.

　　本书第 1 章介绍了控制系统的状态空间描述, 引入传递函数、脉冲响应函数等概念, 并简要讨论了系统的实现理论. 第 2 章主要分析自由系统的稳定性, 主要工具包括谱理论、李雅普诺夫方程等, 此外, 还简要介绍了非线性系统的稳定性. 第 3 章介绍系统的能控性, 重点在于能控子空间、PBH 定理以及格莱姆矩阵. 第 4 章的主要内容是状态反馈能稳性、极点配置, 以及静态输出反馈能稳性的频域分析. 第 5 章介绍能观性和能检测性, 由于对偶原理的应用, 系统的能观、能检测性可由对偶系统的能控、能稳性质得到, 并基于系统的能稳、能检测性质建立了动态输出反馈控制. 第 6 章是关于线性系统的二次最优控制问题. 这一章的方法和思路可直接推广至无限维系统的二次最优控制问题. 第 7 章简要介绍动态规划和极大值原理, 并讨论它们与二次最优控制问题之间的关系. 第 8 章分析无限维系统的稳定性问题, 讨论具有不同类型扰动的波方程的稳定性和衰减性质.

　　本书并没有概括控制理论的全貌, 有兴趣的读者可以阅读所附的参考文献. 本书的出版获得北京理工大学数学与统计学院的资助. 作者感谢四川大学张旭教授的有益建议.

　　由于作者水平所限, 书中难免有不当之处, 恳请读者批评指正.

作　者

2016 年 12 月

符 号 说 明 表

$\mathbf{R}$	实数集合
$\mathbf{C}$	复数集合
$\mathbf{C}^+,\ \mathbf{C}^-$	开右半复平面，开左半复平面
$\overline{\mathbf{C}^+},\ \overline{\mathbf{C}^-}$	闭右半复平面，闭左半复平面
$\mathbf{R}^n$	n 维实向量空间
$\mathbf{R}^{n\times m}$	$n\times m$ 阶实矩阵
$Re,\ Im$	复数的实部，虚部
$\times$	直和
$\|\cdot\|$	范数
$\langle\cdot,\cdot\rangle$	内积
$|A|$	矩阵A 的行列式
$Ran\,(A),\ D\,(A)$	A 的值域，定义域
$\sigma(A)$	A 的谱
$\rho(A)$	A 的预解集，$\mathbf{C}\setminus\sigma(A)$
$\omega_s(A)$	A 的谱界
e^{tA}	矩阵指数
$\omega_g(A)$	矩阵指数e^{At} 的增长阶
$\mathcal{X}_c$	能控子空间
$W_{A,B}$	$\Sigma(A,B,-)$ 的能控矩阵
$O_{A,C}$	$\Sigma(A,-,C)$ 的能观矩阵
$L^2(a,b)$	(a,b) 上的平方可积函数空间
$L^2([a,b],X)$	$[a,b]$ 到X上的平方可积空间
$H^m(a,b)$	(a,b) 上m 阶的索伯列夫空间
$\mathcal{U}_{t_0,t_e}$	$[t_0,t_e]$ 上的允许控制集合
$J_{t_0,t_e}(z_0,u)$	$[t_0,t_e]$ 上初始状态为z_0、控制为u 的价值函数

目　　录

第1章 系统的描述

1.1 系统的状态空间描述

1.1.1 状态空间描述

系统是由一些相互联系的环节或元件构成的整体. 为了定量地分析系统的动态特性, 需要建立受控对象的数学模型, 以描述系统内部变量与外部作用之间的关系. 动态系统是随着时间的变化而变化的, 每个动态系统都有其相应的时域, 时域可能是连续的, 也可能是离散的. 描述系统的动态的变量是定义在时域上的函数. 一般来说, 一个控制系统中的变量可以分为三类. 第一类是外部环境对系统的作用, 称为输入变量, 包括环境变化对系统造成的影响和扰动, 以及人们为了达到目标对系统施加的影响. 输入变量有时也称为控制变量. 第二类是系统对外部世界的作用, 称为输出变量, 又称为观测变量. 输入变量和输出变量是系统的外部变量. 第三类是描述系统内部动态的（最少的独立）变量, 称为状态变量. 它未必是物理量, 有时也可以直接量测.

本节主要讨论有限维连续时间系统的状态空间模型. 设系统的状态变量为 $z(t)$: $[0, \infty) \to Z \subset \mathbf{R}^n$, 输入变量为 $u(t)$: $[0, \infty) \to U \subset \mathbf{R}^m$, 输出变量为 $y(t)$: $[0, \infty) \to Y \subset \mathbf{R}^r$, 其中 n, m, r 是自然数. 分别称 Z, U, Y 为状态空间、输入空间（控制空间）和输出空间（观测空间）. 以下方程描述了受控对象的动态过程:

$$\frac{d}{dt} z(t) = f(t, z(t), u(t)), \quad z(t_0) = z_0 \tag{1.1.1}$$

$$y(t) = g(t, z(t), u(t)), \quad t \in [t_0, t_e] \tag{1.1.2}$$

其中, $0 \leqslant t_0 \leqslant t_e \leqslant \infty$, $f : [t_0, t_e] \times \mathbf{R}^n \times \mathbf{R}^m \to \mathbf{R}^n$ 和 $g : [t_0, t_e] \times \mathbf{R}^n \times \mathbf{R}^m \to \mathbf{R}^r$ 是给定的映射, $z_0 \in Z$ 是初始状态. 方程 (1.1.1) 描述了输入所引起的状态的变化, 称为系统的状态方程; 方程 (1.1.2) 表达系统的输出由输入和状态所决定的过程, 称为系统的输出方程或观测方程. 称状态空间的维数为系统的阶数或维数. 用状态方程和输出方程描述系统, 并在此基础上展开分析, 称为状态空间方法. 由于

系统 (1.1.1)~(1.1.2) 的状态和输出由初始状态和输入确定, 我们记系统的状态为 $z(\cdot) \doteq z(\cdot; t_0, z_0, u)$, 输出为 $y(\cdot) \doteq y(\cdot; t_0, z_0, u)$.

在系统 (1.1.1)~(1.1.2) 中, 若映射 f, g 是 z, u 的线性函数, 则称该系统是线性系统. 有限维线性系统的状态方程和输出方程为如下形式:

$$\begin{cases} \dfrac{d}{dt}z(t) = A(t)z(t) + B(t)u(t), & z(t_0) = z_0 \\ y(t) = C(t)z(t) + D(t)u(t), & t \in [t_0, t_e] \end{cases} \tag{1.1.3}$$

其中, 矩阵 $A(t) \in \mathbf{R}^{n \times n}$ 描述了系统内部状态变量之间的联系, 取决于系统的动态、结构和各项参数, 称为状态矩阵, 矩阵 $B(t) \in \mathbf{R}^{n \times m}$ 描述了输入变量对系统的控制, 称为控制（输入）矩阵, 矩阵 $C(t) \in \mathbf{R}^{r \times n}$ 表示输出变量如何反映状态, 称为观测（输出）矩阵, 矩阵 $D(t) \in \mathbf{R}^{r \times m}$ 表示输入对输出的直接作用, 称为直接传递矩阵.

线性系统的重要特征之一是叠加原理. 以线性系统 (1.1.3) 为例, 当输入变量为 $u_1(\cdot)$ 和 $u_2(\cdot)$ 时, 系统的状态分别为 $z_1(\cdot) \doteq z(\cdot; t_0, z_0, u_1)$ 和 $z_2(\cdot) \doteq z(\cdot; t_0, z_0, u_2)$. 另一方面, 若输入变量为 $c_1 u_1(\cdot) + c_2 u_2(\cdot)$, 简单计算后得到, 系统的状态为 $z(\cdot) = c_1 z_1(\cdot) + c_2 z_2(\cdot)$. 因此, $z(\cdot; t_0, z_0, c_1 u_1 + c_2 u_2) = c_1 z(\cdot; t_0, z_0, u_1) + c_2 z(\cdot; t_0, z_0, u_2)$. 输出也有同样的性质. 这表明, 两个外作用同时加于系统所产生的输出综合, 等于各个外作用单独作用时分别产生的输出之和, 且外作用增大若干倍时, 其输出也增大同样的倍数. 因此, 在分析和设计线性系统时, 若有几个外作用同时作用于系统, 可以将它们分别处理, 每个外作用的数值也可以只取单位值, 最后依据叠加原理讨论总外作用的输出.

若系统 (1.1.3) 中 $A(t) \equiv A$, $B(t) \equiv B$, $C(t) \equiv C$, $D(t) \equiv D$, 则称该系统是有限维线性时不变系统（有限维线性定常系统）. 此外, 假设输入与输出之间无直接关系, 即 $D \equiv 0$, 则该系统的状态空间表达式为

$$\begin{cases} \dfrac{d}{dt}z(t) = Az(t) + Bu(t), & z(t_0) = z_0 \\ y(t) = Cz(t), & t \in [t_0, t_e] \end{cases} \tag{1.1.4}$$

系统 (1.1.4) 又记为 $\Sigma(A, B, C)$. 若系统无输入或输出, 则可记为 $\Sigma(A, B, -)$ 或 $\Sigma(A, -, C)$, 在不引起混淆时, 我们也记为 $\Sigma(A, B)$ 或 $\Sigma(A, C)$.

例 1.1.1 弹簧-质量-阻尼器系统

弹簧-质量-阻尼器系统是由弹簧、阻尼器以及与它们连接的物体构成的（图 1.1）. 这是一种常见的机械振动系统, 譬如汽车缓冲器、建筑抗震中的阻尼器等. 设 m 是物体的质量, b 是阻尼器的阻尼系数, k 是弹簧的弹性系数, 变量 $x(t)$ 表示物体相对于平衡位置的位移, $u(t)$ 表示物体所受的外力, 是系统的输入. 由牛顿第二定律, 系统的动力学模型为

$$m\frac{d^2}{dt^2}x(t) + b\frac{d}{dt}x(t) + kx(t) = u(t) \tag{1.1.5}$$

设系统的输出 $y(t)$ 是物体的位移. 令 $z = (z_1,\ z_2)^\top \doteq \left(x,\ \dfrac{d}{dt}x\right)^\top$, 系统 (1.1.5) 的状态空间表示为

$$\begin{cases} \dfrac{d}{dt}z &= Az + Bu \\[2mm] &\doteq \begin{bmatrix} 0 & 1 \\ -\dfrac{k}{m} & -\dfrac{b}{m} \end{bmatrix} z + \begin{bmatrix} 0 \\ \dfrac{1}{m} \end{bmatrix} u \\[4mm] y &= Cz \doteq [1\ \ 0]z \end{cases} \tag{1.1.6}$$

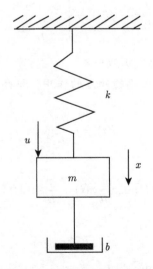

图 1.1 弹簧-质量-阻尼器系统

例 1.1.2 单摆系统

长为 L 的细线一端固定, 另一端系有一个质量为 m 的小球, 小球自然悬垂时的位置为平衡位置 (图 1.2). 设变量 $x(t)$ 是小球相对于平衡位置的角度位移. 则 $x(t)$ 满足方程

$$\frac{d^2}{dt^2}x(t) + \frac{g}{L}\sin x(t) = 0 \tag{1.1.7}$$

其中, g 是重力加速度. 设系统的输出 $y(t)$ 是小球的角度位移. 令 $z(t) = (z_1,\, z_2)^\top \doteq \left(x,\ \dfrac{d}{dt}x\right)^\top$, 则得到系统的状态空间表示为

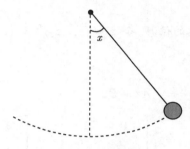

图 1.2 单摆系统

$$\begin{cases} \dfrac{d}{dt}z = f(z) \doteq \begin{bmatrix} z_2 \\[2mm] -\dfrac{g}{L}\sin z_1 \end{bmatrix} \\[6mm] y = g(z) = z_1 \end{cases} \tag{1.1.8}$$

若小球受到一个与角速度成正比的外力的作用, 即存在常数 c 使得系统的控制变量为

$$u(t) = c\frac{d}{dt}x(t) \tag{1.1.9}$$

将其代入方程 (1.1.7) 得到

$$\frac{d^2}{dt^2}x(t) + c\frac{d}{dt}x(t) + \frac{g}{L}\sin x(t) = 0 \tag{1.1.10}$$

相应的状态空间表示为

$$\begin{cases} \dfrac{d}{dt}z = \begin{bmatrix} z_2 \\[2mm] -\dfrac{g}{L}\sin z_1 - cz_2 \end{bmatrix} \\[6mm] y = g(z) = z_1 \end{cases} \tag{1.1.11}$$

例 1.1.3 单输入单输出系统

若系统的输入变量或输出变量是标量值函数, 即 $u(\cdot) \in \mathbf{R}$ 或 $y(\cdot) \in \mathbf{R}$, 称该系统为单输入系统或单输出系统. 譬如以下即是一个单输入、单输出系统.

$$\frac{d^n}{dt^n}y(t) + a_1\frac{d^{n-1}}{dt^{n-1}}y(t) + \cdots + a_{n-1}\frac{d}{dt}y(t) + a_n y(t) = u(t) \tag{1.1.12}$$

其中, 常系数 $a_1, \cdots, a_n \in \mathbf{R}$. 定义

$$z(t) = \Big(y(t), \quad \frac{d}{dt}y(t), \quad \cdots, \quad \frac{d^{n-1}}{dt^{n-1}}y(t)\Big)^\top$$

则系统 (1.1.12) 的状态空间表达式为

$$\begin{cases} \frac{d}{dt}z(t) &=& Az(t) + Bu(t) \\[2mm] &\doteq& \begin{bmatrix} 0 & 1 & 0 & \cdots & 0 & 0 \\ 0 & 0 & 1 & \cdots & 0 & 0 \\ \vdots & \vdots & \vdots & \ddots & \vdots & \vdots \\ 0 & 0 & 0 & \cdots & 0 & 1 \\ -a_n & -a_{n-1} & -a_{n-2} & \cdots & -a_2 & -a_1 \end{bmatrix} z(t) + \begin{bmatrix} 0 \\ \vdots \\ 0 \\ 1 \end{bmatrix} u(t) \\[2mm] y(t) &=& Cz \doteq \begin{bmatrix} 1 & 0 & \cdots & 0 \end{bmatrix} z(t) \end{cases} \tag{1.1.13}$$

注意到系统 (1.1.13) 的状态矩阵 A 的特征多项式为

$$|\lambda I - A| = \lambda^n + a_1\lambda^{n-1} + \cdots + a_n \tag{1.1.14}$$

1.1.2 自由系统

若系统 (1.1.4) 无输入和输出, 即 $u(\cdot) = y(\cdot) = 0$, 则称相应的系统为自由系统, 即

$$\frac{d}{dt}z(t) = Az(t), \quad z(t_0) = z_0 \in \mathbf{R}^n, \qquad t \in [t_0, t_e] \tag{1.1.15}$$

由于 A 是 n 阶矩阵, 系统 (1.1.15) 是一个常微分方程组. 特别地, 若 $A = a$ 是一个实数, 则方程的解是指数函数 e^{at}, 则将其展开为无穷级数:

$$e^{at} = 1 + at + \frac{1}{2!}(at)^2 + \frac{1}{3!}(at)^3 + \cdots \frac{1}{k!}(at)^k + \cdots = \sum_{k=0}^{\infty} \frac{t^k}{k!}a^k \tag{1.1.16}$$

另一方面, 容易证明无穷级数 (1.1.16) 在任意的有限时间区间内是一致收敛的, 满足方程 $\frac{d}{dt}z(t) = az(t)$, $z(t_0) = z_0$ 且是其唯一解. 以此为启发, 我们引入矩阵指数的定义.

定义 1.1.1 A 是 n 阶实矩阵, $t \in \mathbf{R}$. 定义**矩阵指数**函数 e^{At} 为

$$e^{At} \doteq \sum_{k=0}^{\infty} \frac{t^k}{k!} A^k \tag{1.1.17}$$

并称

$$\omega_g(A) \doteq \lim_{t \to \infty} \frac{\ln \|e^{At}\|}{t}$$

为矩阵指数 e^{At} 的**增长阶**.

设 β 是任意有限的正实数, 对于 $t \in [-\beta, \beta]$, 有

$$\left\| \frac{t^k}{k!} A^k \right\| = \frac{|t|^k}{k!} \|A^k\| \leqslant \frac{\beta^k}{k!} \|A\|^k \doteq M_k$$

容易验证, 级数 $\sum_{k=0}^{\infty} M_k$ 收敛. 因此, 级数 (1.1.17) 一致绝对收敛, 且有

$$\frac{d}{dt} e^{At} = A + tA^2 + \frac{t^2}{2!} A^3 + \cdots + \frac{t^k}{k!} A^{k+1} + \cdots = Ae^{At}$$

因此, e^{At} 是微分方程 $\dot{z} = Az$ 的 (唯一) 矩阵解. 综上所述, 我们得到关于自由系统 (1.1.15) 的一个基本结论.

定理 1.1.1 令 $z_0 \in \mathbf{R}^n$. 对任意的 $t \in [t_0, t_e]$, 问题 (1.1.15) 的唯一解为 $e^{A(t-t_0)} z_0$.

此外, 容易证明, 矩阵指数有以下性质.

定理 1.1.2 设 $A \in \mathbf{R}^{n \times n}$. 则矩阵指数 e^{At} 满足:

(i) 若 $AB = BA$, 则对任意 $t \in \mathbf{R}$, 有 $e^{t(A+B)} = e^{At} e^{tB}$.

(ii) 对任意 $t \in \mathbf{R}$, e^{At} 可逆, 且 $(e^{At})^{-1} = e^{-tA}$.

(iii) 若 S 可逆, 则对任意 $t \in \mathbf{R}$, $S^{-1} e^{At} S = e^{t(S^{-1}AS)}$.

1.1.3 输入输出映射

由定理 1.1.1, 自由系统 (1.1.15) 的解可由矩阵指数表示. 因此, 若初始条件 z_0 和控制 $u(t)$ 给定, 系统 (1.1.4) 的状态 $z(t)$ 和输出 $y(t)$ 分别为

$$z(t) = e^{A(t-t_0)}z_0 + \int_{t_0}^{t} e^{A(t-s)}Bu(s)ds \tag{1.1.18}$$

$$y(t) = Ce^{A(t-t_0)}z_0 + C\int_{t_0}^{t} e^{A(t-s)}Bu(s)ds \tag{1.1.19}$$

定义 1.1.2 设矩阵 $A \in \mathbf{R}^{n \times n}$, $B \in \mathbf{R}^{n \times m}$, $C \in \mathbf{R}^{r \times n}$. 对任意的 $t \in [t_0, t_e]$, 系统 $\Sigma(A, B, C)$ 的脉冲响应函数定义为

$$\mathcal{G}(t) = Ce^{At}B$$

此外, 定义系统的输入输出映射为 $\Psi : L^2([t_0, t_e]; \mathbf{R}^m) \to L^2([t_0, t_e]; \mathbf{R}^r)$, 且

$$(\Psi u)(t) = \int_{t_0}^{t} Ce^{A(t-s)}Bu(s)ds$$

脉冲响应函数与输入输出映射描述了系统的输入和输出之间的关系. 事实上, 从式 (1.1.19) 可得, 若 $t_0 = 0$,

$$y(t) = Ce^{At}z_0 + (\Psi u)(t) = Ce^{At}z_0 + (\mathcal{G} * u)(t) \tag{1.1.20}$$

例 1.1.4 考虑弹簧–质量–阻尼器系统 (例 1.1.1). 由于该系统是单输入、单输出的, 因此其脉冲响应函数是标量值函数. 设 $m = 1$, 系统的状态矩阵、输入矩阵、输出矩阵分别为

$$A = \begin{bmatrix} 0 & 1 \\ -k & -b \end{bmatrix}, \quad B = \begin{bmatrix} 0 \\ 1 \end{bmatrix}, \quad C = \begin{bmatrix} 1 & 0 \end{bmatrix}$$

矩阵 A 的特征值是 $s_{1,2} = \frac{1}{2}(-b \pm \sqrt{b^2 - 4k})$, 相应的特征向量为 $z_1 = (1, s_1)^{\mathrm{T}}$, $z_2 = (1, s_2)^{\mathrm{T}}$. 向量组 $\{z_1, z_2\}$ 构成 $\mathbf{R}^2$ 中的一组基, 且

$$\tilde{A} \doteq P^{-1}AP = \begin{bmatrix} s_1 & 0 \\ 0 & s_2 \end{bmatrix}, \quad \text{其中 } P = \begin{bmatrix} z_1 & z_2 \end{bmatrix}$$

和

$$B = \begin{bmatrix} z_1 & z_2 \end{bmatrix}\begin{bmatrix} c_1 \\ c_2 \end{bmatrix}$$

其中

$$\begin{bmatrix} c_1 \\ c_2 \end{bmatrix} = P^{-1} \begin{bmatrix} 0 \\ 1 \end{bmatrix} = \frac{1}{\sqrt{b^2 - 4k}} \begin{bmatrix} 1 \\ -1 \end{bmatrix} \tag{1.1.21}$$

因此, 系统的脉冲响应函数为

$$\mathcal{G}(t) = Ce^{At}B = CPe^{\tilde{A}t}P^{-1}B$$

$$= CPe^{\tilde{A}t} \begin{bmatrix} c_1 \\ c_2 \end{bmatrix} = \begin{bmatrix} 1 & 1 \end{bmatrix} \begin{bmatrix} c_1 e^{s_1 t} \\ c_2 e^{s_2 t} \end{bmatrix}$$

$$= \frac{1}{\sqrt{b^2 - 4k}} (e^{s_1 t} - e^{s_2 t})$$

1.2　系统的传递函数

1.2.1　传递函数的定义

上一节讨论了系统在时域上的模型, 本节引入系统在频域上的表示. 首先回顾函数的拉普拉斯变换的定义. 设在 $[0, \infty)$ 上定义的函数 $f(\cdot)$ 是指数有界的, 即存在常数 δ 和正常数 M, 使得

$$\|f(t)\| \leqslant Me^{\delta t}, \quad \forall \, t \geqslant 0$$

则对于满足 $Re\, s > \delta$ 的复数 s, $f(\cdot)$ 的拉普拉斯变换定义为

$$\widehat{f}(s) = (\mathcal{L}f)(s) = \int_0^\infty e^{-st} f(t) dt$$

拉普拉斯变换是线性映射, 当 $Re\, s > \delta$ 时, $\widehat{f}(s)$ 是解析函数. 此外, 拉普拉斯变换具有以下微分性质:

$$\left(\mathcal{L} \frac{d}{dt} f \right)(s) = sf(s) - f(0)$$

考虑 $[0, \infty)$ 上的系统 (1.1.4), 对两个方程分别做拉普拉斯变换, 我们得到

$$s\widehat{z}(s) = A\widehat{z}(s) + B\widehat{u}(s) + z_0$$

$$\widehat{y}(s) = C\widehat{z}(s)$$

因此,

$$\widehat{y}(s) = C(sI - A)^{-1}z_0 + C(sI - A)^{-1}B\widehat{u}(s)$$

定义函数 $G(s) = C(sI - A)^{-1}B$ 为系统 $\Sigma(A, B, C)$ 的**传递函数**. 显然传递函数 $G(s)$ 在 $\mathbf{C} \setminus \sigma(A)$ 上是解析的. 若系统的初值 $z_0 = 0$, 则输入的拉普拉斯变换和输出的拉普拉斯变换之间的关系由传递函数描述:

$$\widehat{y}(s) = G(s)\widehat{u}(s)$$

此外, 传递函数 $G(s)$ 是脉冲响应函数 $\mathcal{G}(t)$ 的拉普拉斯变换, 即

$$G(s) = (\mathcal{L}\mathcal{G})(s), \quad \forall\, s \in \mathbf{C} \setminus \sigma(A) \tag{1.2.1}$$

设 n, m, r 是任意自然数, $M_0, \cdots, M_n \in \mathbf{R}^{r \times m}$, $M_0 \neq 0$. 则以下矩阵值函数

$$M(s) = M_0 s^n + s^{n-1}M_1 + \cdots + M_n, \qquad s \in \mathbf{C}$$

称为 n 次矩阵多项式, 并记该矩阵多项式的次数为 $deg\, M = n$. 设 $G(s) \in \mathbf{R}^{r \times m}$ 是复数域上的矩阵值函数, 若存在 $M(s) \in \mathbf{R}^{r \times m}$ 以及标量值函数 $p(s)$, 使得 $G(s) = \dfrac{M(s)}{p(s)}$ 且 $deg\, M \leqslant deg\, p$, 则称 $G(s)$ 是真有理函数, 进一步地, 若 $deg\, M < deg\, p$, 则称 $G(s)$ 是严格真有理函数.

考虑系统 $\Sigma(A, B, C)$ 的传递函数 $G(s)$. 设 $adj\, (sI - A)$ 是 $sI - A$ 的伴随矩阵, 则

$$C(sI - A)^{-1}B = \frac{C\, adj\,(sI - A)\, B}{|sI - A|}$$

由于矩阵多项式 $adj\,(sI - A)$ 的次数 $deg\, adj\,(sI - A) < deg\,|sI - A|$. 因此 $C(sI - A)^{-1}B$ 是严格的真有理函数.

定理 1.2.1 设 $A \in \mathbf{R}^{n \times n}$, $B \in \mathbf{R}^{n \times m}$, $C \in \mathbf{R}^{r \times n}$, $G(s)$ 是系统 $\Sigma(A, B, C)$ 的传递函数. 若存在自然数 $k \geqslant 2$ 使得

$$CA^j B = 0, \quad \text{其中 } j = 0, 1, \cdots, k - 2$$
$$CA^{k-1} B \neq 0 \tag{1.2.2}$$

则

$$CA^j(sI-A)^{-1}B = s^j\,G(s), \qquad \text{其中}\ j=0,\,1,\,\cdots,\,k-1 \tag{1.2.3}$$

$$CA^k(sI-A)^{-1}B = s^k\,G(s) - CA^{k-1}B \tag{1.2.4}$$

此外, 存在矩阵多项式 $N(s)$, 使得

$$G(s) = \frac{N(s)}{|sI-A|}$$

且矩阵多项式 $N(s)$ 的次数满足 $deg\,N(s) = n-k$, 其最高次项的系数为 $CA^{k-1}B$.
特别地, 若 $k=n$, 则

$$G(s) = \frac{CA^{n-1}B}{|sI-A|}$$

证明　当 $j=0$ 时, 方程 (1.2.3) 显然成立. 假设当 $j=\ell\leqslant k-2$ 时它也成立.
则当 $j=\ell+1$ 时,

$$CA^{\ell+1}(sI-A)^{-1}B = sCA^\ell(sI-A)^{-1}B - CA^\ell B = s^{\ell+1}G(s)$$

因此, 当 $j=0,\,1,\,\cdots,\,k-1$ 时, 方程 (1.2.3) 成立. 此外,

$$CA^k(sI-A)^{-1}B = sCA^{k-1}(sI-A)^{-1}B - CA^{k-1}B = s^k G(s) - CA^{k-1}B$$

另一方面, $G(s) = \dfrac{N(s)}{|sI-A|} \doteq \dfrac{C\,adj\,(sI-A)B}{|sI-A|}$ 和 $CA^k(sI-A)^{-1}B$ 均是严格

真有理矩阵多项式. 则存在矩阵多项式 $M(s)$ 满足 $CA^k(sI-A)^{-1}B = \dfrac{M(s)}{|sI-A|}$ 和
$deg\,M(s) < n$. 将其代入式 (1.2.4) 得到

$$M(s) = s^k\,N(s) - CA^{k-1}B|sI-A|$$

因此, $N(s)$ 是一个次数为 $n-k$ 的矩阵多项式, 且其最高次项的系数为 $CA^{k-1}B$.
$\square$

例 1.2.1　考虑弹簧–质量–阻尼系统 (例 1.1.1). 其传递函数为

$$G(s) = \begin{bmatrix} 1 & 0 \end{bmatrix} \begin{bmatrix} s & -1 \\ \dfrac{k}{m} & s+\dfrac{b}{m} \end{bmatrix}^{-1} \begin{bmatrix} 0 \\ \dfrac{1}{m} \end{bmatrix}$$

$$= \frac{1}{ms^2 + bs + k}$$

例 1.2.2 单输入、单输出系统 (1.1.13) 的传递函数为

$$G(s) = \frac{1}{|\lambda I - A|} \tag{1.2.5}$$

1.2.2 串联、并联与反馈

受控系统一般是比较复杂的, 为了便于分析, 可以先研究一些简单的系统, 然后将这些简单环节联结起来得到较为复杂的系统.

设系统 $\Sigma = \Sigma(A, B, C)$ 由两个子系统 $\Sigma_1 = \Sigma(A_1, B_1, C_1)$ 与 $\Sigma_2 = \Sigma(A_2, B_2, C_2)$ 构成. 若 Σ_1 的输出是 Σ_2 的输入, 则称系统 Σ_1 与 Σ_2 是串联的 (图 1.3). 若 Σ_1 与 Σ_2 具有共同的输入, 而系统 Σ 的输出为 Σ_1 与 Σ_2 的输出之和, 则称系统 Σ_1 与 Σ_2 是并联的 (图 1.4).

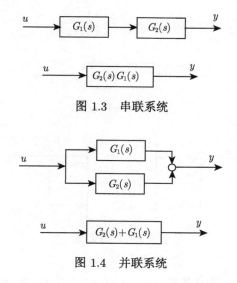

图 1.3 串联系统

图 1.4 并联系统

设 Σ, Σ_1, Σ_2 的传递函数分别为 $G(s)$, $G_1(s)$, $G_2(s)$. 若 Σ_1 与 Σ_2 是串联的, 则 Σ 的传递函数为

$$G(s) = G_1(s)G_2(s)$$

系统的状态矩阵、输入矩阵和输出矩阵为

$$A = \begin{bmatrix} A_1 & 0 \\ B_2C_1 & A_2 \end{bmatrix}, \quad B = \begin{bmatrix} B_1 \\ 0 \end{bmatrix}, \quad C = \begin{bmatrix} 0, & C_2 \end{bmatrix}$$

若 Σ_1 与 Σ_2 是并联的, 则 Σ 的传递函数为

$$G(s) = G_1(s) + G_2(s)$$

并联系统的状态矩阵、输入矩阵和输出矩阵为

$$A = \begin{bmatrix} A_1 & 0 \\ 0 & A_2 \end{bmatrix}, \quad B = \begin{bmatrix} B_1 \\ B_2 \end{bmatrix}, \quad C = \begin{bmatrix} C_1, & C_2 \end{bmatrix}$$

另一方面, 系统 (1.1.4) 的框图如图 1.5, 其中输入变量的信息全部来自系统的外部, 我们一般称这类系统为开环系统. 若输入变量的信息 (部分) 来自系统内部, 称该输入为反馈. 具有反馈的系统称为反馈系统, 或闭环系统. 图 1.6 是一个单输入、单输出的反馈系统的框图. 显然地, 该系统的传递函数为

$$F(s) = \frac{G(s)}{1 + G(s)K(s)} \tag{1.2.6}$$

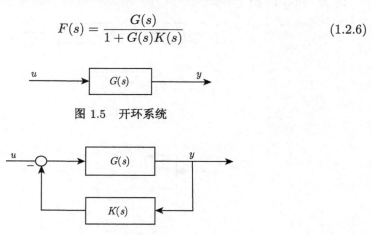

图 1.5 开环系统

图 1.6 反馈系统

例 1.2.3 设 n, m 是自然数, $a_i, (i = 1, 2, \cdots, n)$ 和 $b_j (j = 1, 2, \cdots, m)$ 是实数. 考虑如下系统:

$$\begin{aligned}
\frac{d^n}{dt^n}x(t) &+ a_1 \frac{d^{n-1}}{dt^{n-1}}x(t) + \cdots + a_n x(t) \\
&= b_0 \frac{d^m}{dt^m}u(t) + b_1 \frac{d^{m-1}}{dt^{m-1}}u(t) + \cdots + b_m u(t)
\end{aligned} \tag{1.2.7}$$

若系统的输入为 $u(t)$, 输出为 $y(t) = x(t)$, 并设

$$\frac{d^i}{dt^i}x(0) = 0, \ i = 0, 1, \cdots, n-1, \quad \frac{d^j}{dt^j}u(0) = 0, \ j = 0, 1, \cdots, m-1$$

则通过对方程两边作拉普拉斯变换, 得到

$$\widehat{y}(s) = \frac{b_0 s^m + b_1 s^{m-1} + \cdots + b_m}{s^n + a_1 s^{n-1} + \cdots + a_n} \, \widehat{u}(s) \tag{1.2.8}$$

因此, 系统的传递函数为

$$G(s) = \frac{b_0 s^m + b_1 s^{m-1} + \cdots + b_m}{s^n + a_1 s^{n-1} + \cdots + a_n} \tag{1.2.9}$$

进一步地, 设多项式 $b(s)$ 的次数不高于 $a(s)$ 的次数, $a(\cdot) = 0$ 的根为 $\{q_1, \cdots, q_{k_N}\}$, 其中前 M 个为实根, 有 L 个共轭复根 $\{\alpha_1 \pm i\beta_1, \cdots, \alpha_L \pm i\beta_L\}$, 且 $\sum\limits_{j=1}^{N} k_j = n$. 则 $G(s)$ 可分解为

$$G(s) = G_0 + \sum_{j=1}^{M} \frac{c_j}{s - q_j} + \sum_{j=1}^{L} \frac{\rho_j s + \sigma_j}{s^2 - 2\alpha_j s + \alpha_j^2 + \beta_j^2} \tag{1.2.10}$$

其中, G_0, c_j, ρ_j, σ_j 为常数. 上式右端第一个和式可以看作是若干个一阶系统的并联, 第二个和式可以看作若干二阶系统的并联, 然后再将所有的子系统并联, 即得到系统 (1.2.7). 由此可见, 可通过对零阶系统、一阶系统和二阶系统的分析来讨论较复杂的系统 (1.2.7) 的性质.

例 1.2.4 在单摆系统 (例 1.1.2) 中, 控制器 (1.1.9) 是状态反馈, 将其带入开环系统 (1.1.7), 得到了闭环系统 (1.1.10).

1.3 系统的实现

在前两节中, 我们基于系统的状态空间表示引入了传递函数、脉冲响应函数和输入输出映射的概念. 显然, 这三者之间是一一对应的关系. 反过来, 是否能够通过传递函数、脉冲响应函数等来得到系统的状态空间表示呢? 这类问题称为系统的实现问题. 本节将通过脉冲响应函数、传递函数的特性, 讨论系统的实现和构建等问题.

1.3.1 脉冲响应函数

首先, 我们引入一个有用的结论.

引理 1.3.1 (凯莱–哈密顿定理)   设 A 是 n 阶实矩阵或复矩阵, 其特征多项式为

$$p(\lambda) = |\lambda I - A| = \sum_{k=0}^{n} a_k \lambda^k$$

则 A 满足其特征方程, 即

$$p(A) = \sum_{k=0}^{n} a_k A^k = 0_{n \times n}$$

由矩阵指数的定义可知, 系统 $\Sigma(A, B, C)$ 的脉冲响应函数满足

$$\mathcal{G}(t) = Ce^{tA}B = \sum_{j=0}^{\infty} CA^j B \frac{t^j}{j!} \tag{1.3.1}$$

反之, 若一个矩阵值函数具有式 (1.3.1) 的形式, 它是否是一个线性系统的脉冲响应函数? 以下结论解答了这个问题.

定理 1.3.2   假设矩阵值函数 $\mathcal{G} : [0, \infty) \to \mathbf{R}^{r \times m}$ 是如下所定义的绝对收敛的级数:

$$\mathcal{G}(t) = \sum_{j=0}^{\infty} W_j \frac{t^j}{j!}, \quad \forall\, t \geqslant 0 \tag{1.3.2}$$

则 $\mathcal{G}(\cdot)$ 是一个系统 $\Sigma(A, B, C)$ 的脉冲响应函数, 当且仅当存在常数 $a_1, \cdots, a_r$, 使得

$$W_{j+k} = a_1 W_{j+k-1} + \cdots + a_k W_j, \quad j = 0, 1, \cdots \tag{1.3.3}$$

证明   首先, 若 $\mathcal{G}(\cdot)$ 是脉冲响应函数. 则存在矩阵 $A \in \mathbf{R}^{k \times k}$, $B \in \mathbf{R}^{k \times m}$, $C \in \mathbf{R}^{r \times k}$, 使得在式 (1.3.2) 中 $W_j = CA^j B$. 进一步地, 假设矩阵 A 的特征多项式为

$$p(s) = s^k - a_1 s^{k-1} - \cdots - a_k s \tag{1.3.4}$$

则由引理 1.3.1 可得对任意的 $j = 0, 1, \cdots$, 则

$$CA^{k+j}B = a_1 CA^{k+j-1}B + \cdots + a_k CA^j B$$

反之，定义

$$A = \begin{bmatrix} 0 & I_r & 0 & \cdots & 0 & 0 \\ 0 & 0 & I_r & \cdots & 0 & 0 \\ \vdots & \vdots & \vdots & \ddots & \vdots & \vdots \\ 0 & 0 & 0 & \cdots & 0 & I_r \\ a_k I_r & a_{k-1} I_r & a_{k-2} I_r & \cdots & a_2 I_r & a_1 I_r \end{bmatrix}_{kr \times kr} \tag{1.3.5}$$

$$B = \begin{bmatrix} W_0 \\ \vdots \\ W_{k-1} \end{bmatrix}_{kr \times m}, \qquad C = [I_r \ 0 \ \cdots \ 0]_{r \times kr}$$

则

$$W_j = CA^j B, \quad j = 0, 1, \cdots, k-1 \tag{1.3.6}$$

另一方面，通过一系列行变换和相同的列变换，可以得到

$$A \to \mathcal{A} \doteq \begin{bmatrix} \tilde{A} & \cdots & 0 \\ \vdots & \ddots & \vdots \\ 0 & \cdots & \tilde{A} \end{bmatrix}_r, \quad \tilde{A} = \begin{bmatrix} 0 & 1 & \cdots & 0 & 0 \\ 0 & 0 & \cdots & 0 & 0 \\ \vdots & \vdots & \ddots & \vdots & \vdots \\ 0 & 0 & \cdots & 0 & 1 \\ a_k & a_{k-1} & \cdots & a_2 & a_1 \end{bmatrix}$$

因此，存在可逆矩阵 Q，使得 $A = Q\mathcal{A}Q^{-1}$. 由于矩阵 $\tilde{A}$ 满足方程

$$\tilde{A}^k = a_1 \tilde{A}^{k-1} + \cdots + a_k I$$

从而有

$$\mathcal{A}^k = a_1 \mathcal{A}^{k-1} + \cdots + a_k I$$

再由 A 与 $\mathcal{A}$ 的相似性质，得到 A 满足方程

$$A^k = a_1 A^{k-1} + \cdots + a_k I$$

再令

$$W_j = CA^j B, \quad j = k, k+1, \cdots \tag{1.3.7}$$

则由式 (1.3.6) 和式 (1.3.7)，W_j 满足式 (1.3.3) 且 $\mathcal{G}$ 是由式 (1.3.5) 所定义的系统 $\Sigma(A, B, C)$ 的脉冲响应函数. $\qquad\square$

1.3.2　传递函数的特性

设 $A \in \mathbf{R}^{n \times n}$, $B \in \mathbf{R}^{n \times m}$, $C \in \mathbf{R}^{r \times n}$, $G(s)$ 是系统 $\Sigma(A, B, C)$ 的传递函数. 并设

$$G(s) = \big[g_{ij}(s) \big]_{r \times m}$$

由于 $G(s)$ 是严格真有理矩阵, 则

$$\lim_{|s| \to \infty} |g_{ij}(s)| \to 0, \quad i = 1, 2, \cdots, r, \quad j = 1, 2, \cdots, m \tag{1.3.8}$$

另一方面, 从式 (1.2.1) 和式 (1.3.1) 可得, 对任意的 $s \in \mathbf{C} \setminus \sigma(A)$, 有

$$G(s) = \sum_{j=0}^{\infty} \frac{1}{s^{j+1}} C A^j B \tag{1.3.9}$$

由上可知, 式 (1.3.8) 和式 (1.3.9) 描述了传递函数的基本特性. 反过来, 若一个矩阵函数满足式 (1.3.8)$\sim$ 式 (1.3.9), 它能否成为一个系统的传递函数呢? 以下定理回答了这个问题.

定理 1.3.3　设 $G(\cdot) = \big[g_{ij}(\cdot) \big]_{r \times m}$ 是定义在复数域 C 上一个有限集合之外的实系数有理矩阵函数. 若对任意的 $i = 1, 2, \cdots, r, j = 1, 2, \cdots, m$, $g_{ij}(\cdot)$ 满足式 (1.3.8), 则 $G(\cdot)$ 可写为形如式 (1.3.8) 的无穷级数的形式, 且是一个线性系统的传递函数.

证明　由于 $G(\cdot)$ 是真有理矩阵, 因此, 存在常数 γ 与矩阵序列 W_j, $j = 0, 1, 2, \cdots$, 使得对任意满足 $|s| > \gamma$ 的复数 s, 则

$$G(s) = \sum_{j=0}^{\infty} \frac{1}{s^{j+1}} W_j \tag{1.3.10}$$

此外, 由于 $g_{ij}(s)$ 满足式 (1.3.8), 则存在复数域上的实系数多项式

$$p(s) = s^k + a_1 s^{k-1} + \cdots + a_k \tag{1.3.11}$$

使得对任意的 $i = 1, 2, \cdots, r, j = 1, 2, \cdots m$, $p(s) g_{ij}(s)$ 是多项式函数. 即

$$p(s) G(s) = \sum_{j=0}^{\infty} \frac{p(s)}{s^{j+1}} W_j \tag{1.3.12}$$

包含 s^{-j} $(j = 1, 2, \cdots)$ 的项为零. 注意到

$$s^{-1} \text{ 的系数为 }: a_k W_0 + a_{k-1} W_1 + \cdots + a_1 W_{k-1} + W_k,$$
$$s^{-2} \text{ 的系数为 }: a_k W_1 + a_{k-1} W_2 + \cdots + a_1 W_k + W_{k+1},$$
$$\vdots$$
$$s^{-j} \text{ 的系数为 }: a_k W_{j-1} + a_{k-1} W_j + \cdots + a_1 W_{k+j-2} + W_{k+j-1},$$
$$\vdots$$

从而 W_j 满足

$$W_{j+k} = -a_1 W_{j+k-1} - \cdots - a_k W_j, \quad j = 0, 1, \cdots \tag{1.3.13}$$

定义与式 (1.3.5) 相同的矩阵 A, B, C, 所得系统 $\Sigma(A, B, C)$ 的传递函数是 $G(s)$. □

例 1.3.1 考虑函数

$$\varphi(s) = \frac{1}{s-a} + \frac{1}{(s-b)^2}, \ \forall\, s \in \mathbf{C} \backslash \{a, b\}, \ a, b \in \mathbf{R}$$

显然, 函数 $\varphi(\cdot)$ 满足方程 (1.3.8). 因此, $\varphi(\cdot)$ 是一个单输入、单输出系统的传递函数. 相应的脉冲响应函数为

$$\mathcal{G}(t) = \mathcal{L}^{-1}\Big(\varphi\Big) = e^{at} + t e^{bt}$$

由于

$$\mathcal{G}(t) = \sum_{j=0}^{\infty} \frac{a^j t^j}{j!} + \sum_{j=0}^{\infty} \frac{b^j t^{j+1}}{j!} = 1 + \sum_{j=1}^{\infty} \Big(a^j + jb^{j-1}\Big)\frac{t^j}{j!}$$

从定理 1.3.2 可知

$$W_j = a^j + jb^{j-1}, \quad j = 0, 1, 2, \cdots$$

此外, 由方程 (1.3.12), 可定义

$$p(s) \ = (s-a)(s-b)^2 = s^3 - (a+2b)s^2 + (2ab+b^2)s - ab^2$$

从而由方程 (1.3.5)，可以定义

$$
A = \begin{bmatrix} 0 & 1 & 0 \\ 0 & 0 & 1 \\ ab^2 & -(2ab+b^2) & a+2b \end{bmatrix} \tag{1.3.14}
$$

$$
B = \begin{bmatrix} 1 \\ a+1 \\ a^2+2b \end{bmatrix}, \quad C = [1 \ 0 \ 0] \tag{1.3.15}
$$

系统 $\Sigma(A, B, C)$ 的传递函数是 $\varphi(\cdot)$.

第 2 章 系统的稳定性

稳定性指系统的状态在足够长时间之后能够回到平衡状态附近, 是系统的重要特性之一. 不稳定的系统一般不具有实际意义, 因此, 系统的稳定性是系统最基本和重要的问题. 本章将首先从有限维线性系统出发, 给出稳定性的定义和基本分析. 然后讨论较为一般的系统的稳定性.

2.1 线性系统的稳定性

2.1.1 稳定性的定义

本节将讨论有限维线性系统的稳定性. 若对任意的初值 $z_0 \in \mathbf{R}^n$, 系统 (1.1.4) 的状态满足

$$\lim_{t \to \infty} z(t) = 0$$

则称系统 $\Sigma(A, B, C)$ 是**稳定的系统**, 矩阵 A 是**稳定的矩阵**. 显然系统的稳定性与输入和输出没有关系. 因此, 关于线性系统的稳定性的分析将以下系统为主:

$$\frac{d}{dt} z(t) = A z(t), \quad t > 0, \qquad z(0) = z_0 \in \mathbf{R}^n \tag{2.1.1}$$

由定理 1.1.1, 系统 (2.1.1) 的解为

$$z(t) = e^{At} z_0, \quad t \geqslant 0 \tag{2.1.2}$$

因此, 系统 (2.1.1) 稳定当且仅当 $\lim\limits_{t \to \infty} e^{At} = 0$. 特别地, 若矩阵 A 是一个对角阵, 即 $A = diag\,(\lambda_1, \lambda_2, \cdots, \lambda_n)$, 则系统 (2.1.1) 的解为

$$z(t) = diag\big(e^{\lambda_1 t}, e^{\lambda_1 t}, \cdots, e^{\lambda_n t}\big) z_0$$

令 $\omega = \max\{Re\,\lambda_1, \cdots, Re\,\lambda_n\}$, 则

$$\|z(t)\| \leqslant e^{\omega t} \|z_0\|$$

当 $\omega < 0$, 即矩阵 A 的所有特征值均属于 $\mathbf{C}^-$ 时, 式 (2.1.1) 的解满足 $\lim\limits_{n \to \infty} z(t) = 0$. 另一方面, 若 A 存在一个特征值属于 $\mathbf{C} \setminus \mathbf{C}^-$, 则系统是不稳定的. 由此可见, 矩阵 A 的稳定性与其特征值有密切联系.

2.1.2　谱界

对于一个 n 阶方阵 A, 令 $\sigma(A)$ 为其特征值的集合, 也称为 A 的谱集. 进一步地, 矩阵 A 的**谱界**定义为

$$\omega_s(A) \doteq \max\{Re\,\lambda \mid \lambda \in \sigma(A)\}$$

我们有以下结论.

定理 2.1.1　设 $A \in \mathbf{R}^{n \times n}$, 常数 ω 满足 $\omega > \omega_s(A)$. 则存在 $M > 0$ 使得

$$\|e^{At}\| \leqslant Me^{\omega t}, \quad \forall\, t \geqslant 0 \tag{2.1.3}$$

从定理 2.1.1 可知, 矩阵指数 e^{At} 的增长阶和 A 的谱界满足以下条件

$$\omega_g(A) > \omega_s(A) \tag{2.1.4}$$

在证明定理 2.1.1 时, 我们用到以下引理.

引理 2.1.2 (基本分解定理)　设 A 是 n 阶实矩阵或复矩阵, $\lambda_1, \lambda_2, \cdots, \lambda_k$ 是 A 的互异特征值, 其代数重数分别为 $m_1, m_2, \cdots m_k$. 则

$$\mathbf{C}^n = ker((\lambda_1 I - A)^{m_1}) \oplus ker((\lambda_2 I - A)^{m_2}) \oplus \cdots \oplus ker((\lambda_k I - A)^{m_k}) \tag{2.1.5}$$

此外, $dim\,ker(\lambda_i I_n - A)^{m_i} = m_i$.

定理 2.1.1 的证明. 对任意的 $z_0 \in \mathbf{R}^n$, 应用引理 2.1.2 可知, 存在唯一的向量组 $z_{0,j} \in ker((\lambda_j I - A)^{m_j})$, $j = 1, \cdots, k$, 使得

$$z_0 = z_{0,1} + z_{0,2} + \cdots + z_{0,k}$$

从而有

$$e^{At}z_0 = \sum_{j=1}^{k} e^{At}z_{0,j}$$

$$= \sum_{j=1}^{k} e^{\lambda_j t} e^{(A - \lambda_j I)t} z_{0,j}$$

$$= \sum_{j=1}^{k} e^{\lambda_j t} \sum_{\alpha=0}^{m_j - 1} \frac{t^\alpha}{\alpha!} (A - \lambda_j I)^\alpha z_{0,j}$$

上式两边取范数, 得到

$$\|e^{At} z_0\| \leqslant \sum_{j=1}^{k} e^{Re\,\lambda_j t} \sum_{\alpha=0}^{m_j - 1} \frac{t^\alpha}{\alpha!} \|A - \lambda_j I\|^\alpha \|z_{0,j}\| \tag{2.1.6}$$

由于常数 $\omega > \omega_s(A)$, 则存在正常数 $\widetilde{M}$, 使得对于任意 $j = 1, \cdots, k$, 有

$$e^{(Re\,\lambda_j - \omega)t} \sum_{\alpha=0}^{m_j - 1} \frac{t^\alpha}{\alpha!} \|A - \lambda_j I\|^\alpha \leqslant \widetilde{M}, \quad \forall\, t \geqslant 0 \tag{2.1.7}$$

结合式 (2.1.6)~ 式 (2.1.7) 可知,

$$\|e^{At} z_0\| \leqslant \widetilde{M} e^{\omega t} \sum_{j=1}^{k} \|z_{0,j}\|$$

因此, 存在正常数 M 使得式 (2.1.3) 成立. $\qquad\qquad\square$

以上关于定理 2.1.1 的证明是从线性空间的结构理论出发的. 除此之外, 约当标准型也是常用的方法. 首先, 我们回顾一个关于实矩阵的约当标准型的结论.

引理 2.1.3 设 $A \in \mathbf{R}^{n \times n}$. 则存在 n 阶实可逆矩阵 P, 使得

$$J \doteq PAP^{-1} = \begin{bmatrix} J_{\lambda_1} & & & & & & & \\ & J_{\lambda_2} & & & & & & \\ & & \ddots & & & & & \\ & & & J_{\lambda_r} & & & & \\ & & & & \ddots & & & \\ & & & & & J_{a_1,b_1} & & \\ & & & & & & J_{a_2,b_2} & \\ & & & & & & & \ddots \\ & & & & & & & & J_{a_s,b_s} \end{bmatrix} \tag{2.1.8}$$

其中, J_{λ_j} 是相应于 A 的实特征值 λ_j 的约当块

$$J_{\lambda_j} = \begin{bmatrix} \lambda_j & 1 & & & \\ & \lambda_j & 1 & & \\ & & \ddots & \ddots & \\ & & & \ddots & 1 \\ & & & & \lambda_j \end{bmatrix}$$

J_{a_j,b_j} 是相应于 A 的复特征值 $\lambda_j, \overline{\lambda}_j = a_j \pm i b_j$ 的约当块

$$J_{a_j,b_j} = \begin{bmatrix} D_{a_j,b_j} & I & & & \\ & D_{a_j,b_j} & I & & \\ & & \ddots & \ddots & \\ & & & \ddots & I \\ & & & & D_{a_j,b_j} \end{bmatrix}$$

其中

$$D_{a_j,b_j} = \begin{bmatrix} a_j & -b_j \\ b_j & a_j \end{bmatrix}, \quad I = \begin{bmatrix} 1 & 0 \\ 0 & 1 \end{bmatrix}$$

我们称式 (2.1.8) 为矩阵 A 的**约当标准型**. 此外, 对于一个给定的特征值, 它相应的约当块可能有一个, 也有可能有多个, 约当块的阶数可能为 1, 也可能大于 1. 实特征值对应的约当块的个数等于该特征值的几何重数 (特征子空间的维数); 所有约当块的阶数之和等于该特征值的代数重数. 复特征值对应的形如 J_{a_j,b_j} 的约当块的个数等于 $a_j + i b_j$ 的几何重数. 最后, 注意到在引理 2.1.3 中相似变换矩阵取为实矩阵. 事实上, 对于给定的矩阵 A, 存在复可逆矩阵 P, 使得其约当标准型 $\tilde{J} \doteq PAP^{-1}$ 的所有约当块均为 J_{λ_j} 的形式, 我们将 $\tilde{J}$ 称为 A 的**完全约当标准型**. 引理 2.1.3 的证明以及关于约当型矩阵的更为具体的结论和分析可见参考文献.

设 λ 是矩阵 A 的一个实特征值, 由引理 2.1.3 可知, λ 相应的约当块 J_λ 可写为

$$J_\lambda = \lambda I + N$$

其中

$$N = \begin{bmatrix} 0 & 1 & & & \\ & 0 & 1 & & \\ & & & \ddots & \\ & & & \ddots & 1 \\ & & & & 0 \end{bmatrix}$$

设 J_λ 的阶数为 m. 容易计算，$N^{m-1} \neq 0$ 且 $N^m = 0$. 因此，

$$
\begin{aligned}
e^{tJ_\lambda} &= e^{t\lambda} \left(\sum_{\alpha=1}^{m-1} \frac{t^\alpha}{\alpha!} N^\alpha \right) \\
&= e^{t\lambda} \begin{bmatrix} 1 & t & \dfrac{t^2}{2} & \cdots & \dfrac{t^{m-1}}{(m-1)!} \\ & 1 & t & & \vdots \\ & & \ddots & & \dfrac{t^2}{2} \\ & & \ddots & & t \\ & & & & 1 \end{bmatrix}
\end{aligned}
\tag{2.1.9}
$$

另一方面，若 $\lambda = a + ib$ 是复特征值，其相应的约当块 $J_{\lambda_{a,b}}$ 为以下方阵，并设其阶数为 $2m$,

$$J_{\lambda_{a,b}} = \begin{bmatrix} D_{a,b} & I & & & \\ & D_{a,b} & I & & \\ & & & \ddots & \\ & & & \ddots & I \\ & & & & D_{a,b} \end{bmatrix}$$

类似地，有 $J_{\lambda_{a,b}} = D + N$, 其中

$$D = \begin{bmatrix} D_{a,b} & & & \\ & D_{a,b} & & \\ & & \ddots & \\ & & & D_{a,b} \end{bmatrix}, \quad N = \begin{bmatrix} 0 & I & & & \\ & 0 & I & & \\ & & & \ddots & \\ & & \ddots & \ddots & I \\ & & & & 0 \end{bmatrix}$$

注意到

$$e^{tD_{a,b}} = e^{at} \begin{bmatrix} \cos bt & -\sin bt \\ \sin bt & \cos bt \end{bmatrix}$$

因此,

$$e^{tJ_{\lambda_{a,b}}} = \begin{bmatrix} e^{tD_{a,b}} & te^{tD_{a,b}} & \dfrac{t^2}{2}e^{tD_{a,b}} & \cdots & \dfrac{t^{m-2}}{(m-2)!}e^{tD_{a,b}} & \dfrac{t^{m-1}}{(m-1)!}e^{tD_{a,b}} \\ 0 & e^{tD_{a,b}} & te^{tD_{a,b}} & \cdots & \dfrac{t^{m-3}}{(m-3)!}e^{tD_{a,b}} & \dfrac{t^{m-2}}{(m-2)!}e^{tD_{a,b}} \\ \vdots & \vdots & \vdots & \ddots & \vdots & \vdots \\ 0 & 0 & 0 & \cdots & e^{tD_{a,b}} & te^{tD_{a,b}} \\ 0 & 0 & 0 & \cdots & 0 & e^{tD_{a,b}} \end{bmatrix} \tag{2.1.10}$$

由于 $\omega > \omega_s(A)$, 从式 (2.1.9) 和式 (2.1.10) 可知矩阵 $e^{-\omega t}e^{tJ}$ 的各个元素在 $[0, \infty)$ 上均有界. 则存在正常数 $\widetilde{M}$ 使得 $\|e^{-\omega t}e^{tJ}\| \leqslant n^2\widetilde{M}$. 注意到

$$\|e^{At}\| \leqslant \|P\|\,\|e^{tJ}\|\,\|P^{-1}\|$$

令 $M = n^2\widetilde{M}\|P\|\,\|P^{-1}\|$. 则

$$\|e^{At}\| \leqslant Me^{\omega t}, \quad \forall\, t \geqslant 0$$

我们从矩阵的约当标准型出发, 再次证明了定理 2.1.1.

在定理 2.1.1 的基础上, 我们可以得到如下结论.

定理 2.1.4　设矩阵 $A \in \mathbf{R}^{n \times n}$. 则以下命题是等价的:

(i) 系统 (2.1.1) 稳定;

(ii) 存在正常数 M 和 α, 使得对任意的 $z_0 \in \mathbf{R}^n$, 有 $\|z(t)\| = \|e^{At}z_0\| \leqslant Me^{-\alpha t}\|z_0\|$;

(iii) $\omega_s(A) < 0$.

证明　从定理 2.1.1 知道, 我们只需要证明命题 (i) 蕴含命题 (iii). 假设 $\omega_s(A) \geqslant$ 0, 则矩阵 A 至少有一个特征值 $\lambda = \alpha + i\beta$ 满足 $\alpha \geqslant 0$, 令相应的特征向量为

$a = a_1 + ia_2 \in \mathbf{C}^n$，则向量 $\hat{z}(t) \doteq e^{\lambda t}a$ 是 $\dfrac{d}{dt}z(t) = Az(t),\ z(0) = a$ 的解，进而 $Re\,\hat{z}(t)$ 满足 $\dfrac{d}{dt}z(t) = Az(t),\ z(0) = Re\,a$. 注意到

$$Re\,\hat{z}(t) = e^{\alpha t}(a_1 \cos \beta t - a_2 \sin \beta t) \tag{2.1.11}$$

若 $\beta \neq 0$ 和 $a_1 \neq 0$. 取 $t_k = \dfrac{2k\pi}{\beta}$, $k = 1, 2, \cdots$，则 $\lim\limits_{k \to \infty} t_k = \infty$，且

$$\lim_{k \to \infty} \|Re\,\hat{z}(t_k)\| = \lim_{k \to \infty} e^{\alpha t_k}\|a_1\| \neq 0 \tag{2.1.12}$$

这与 A 的稳定性质矛盾. 对于 $\beta \neq 0, a_2 \neq 0$ 或 $\beta = 0, a \neq 0$ 的情形，也可由类似的方法得到矛盾. $\qquad\square$

例 2.1.1 考虑弹簧--质量--阻尼器模型（例 1.1.1），设 $m = 1$，且无外力作用，即 $u(t) = 0$. 则系统成为

$$\frac{d^2}{dt^2}x(t) + b\frac{d}{dt}x(t) + kx(t) = 0 \tag{2.1.13}$$

由式 (1.1.6) 所定义的矩阵 A 的特征值是 $s_{1,2} = \dfrac{1}{2}(-b \pm \sqrt{b^2 - 4k})$. 自由系统 (2.1.13) 稳定当且仅当参数 b, k 满足 $Re\,s_1,\ Re\,s_2 < 0$.

设 $x \in \mathbf{R}^n$, K_1, K_2, K_3 是 n 阶方阵. 考虑以下线性系统，

$$\begin{cases} K_1\dfrac{d^2}{dt^2}x(t) + K_2\dfrac{d}{dt}x(t) + K_3x(t) = 0, & t > 0 \\ x(0) = x_0, \quad \dfrac{d}{dt}x(0) = x_1 \end{cases} \tag{2.1.14}$$

令 $z = \left(x,\ \dfrac{d}{dt}x\right)^{\top}$，并假设 K_1 可逆. 则系统 (2.1.14) 的状态空间模型为

$$\frac{d}{dt}z = Az, \quad \text{其中 } A = \begin{bmatrix} 0 & I \\ -K_1^{-1}K_3 & -K_1^{-1}K_2 \end{bmatrix} \tag{2.1.15}$$

设 λ 是 A 的特征值，相应的特征向量为 $z = \left(z_1,\ z_2\right)^{\top}$，则有

$$z_2 = \lambda z_1, \quad (\lambda^2 K_1 + \lambda K_2 + K_3)z_1 = 0 \tag{2.1.16}$$

显然，$z \neq 0$ 当且仅当 $z_1 \neq 0$. 因此，λ 是 A 的特征值当且仅当 $|\lambda^2 K_1 + \lambda K_2 + K_3| = 0$. 再结合定理 2.1.4，我们得到以下结论.

定理 2.1.5　设 $K_1, K_2, K_3 \in \mathbf{R}^{n \times n}$ 且 K_1 可逆. 则线性系统 (2.1.14) 稳定当且仅当多项式

$$p(\lambda) = |\lambda^2 K_1 + \lambda K_2 + K_3| \tag{2.1.17}$$

的零点均属于 $\mathbf{C}^-$.

推论 2.1.6　若线性系统 (2.1.14) 中，系数矩阵 K_1, K_2, K_3 正定，则该系统稳定.

证明　设 λ 是多项式 $p(\lambda) = |\lambda^2 K_1 + \lambda K_2 + K_3|$ 的零点. 则存在 n 维非零向量 x 使得 $(\lambda^2 K_1 + \lambda K_2 + K_3)x = 0$. 从而有

$$\widetilde{p}(\lambda) = \lambda^2 \langle K_1 x, x \rangle + \lambda \langle K_2 x, x \rangle + \langle K_3 x, x \rangle = 0$$

由 K_1, K_2, K_3 的正定性得到 $\langle K_1 x, x \rangle, \langle K_2 x, x \rangle, \langle K_3 x, x \rangle > 0$. 因此，一元二次方程 $\widetilde{p}(\lambda) = 0$ 的根均满足 $Re\, \lambda < 0$. 再应用定理 2.1.5，推论得证.　　□

2.2　稳定性的频域分析

2.2.1　多项式的稳定性

在上一节，我们得到自由系统稳定的充要条件是其状态矩阵的谱界小于零. 因此，可以通过讨论 n 次多项式 $|\lambda I - A|$ 的零点的分布情况来分析矩阵 A 的稳定性. 然而，当 $n \geqslant 3$ 时，n 次多项式的根并不容易得到. 幸运的是，我们只需要分析多项式零点的实部的上界即可. 在这一节中，我们将讨论一个实系数 n 次多项式

$$p(s) = a_0 s^n + a_1 s^{n-1} + \cdots + a_n, \quad a_0, a_1, \cdots, a_n \in \mathbf{R} \tag{2.2.1}$$

的零点在复平面的分布情况. 若该多项式的零点均属于 $\mathbf{C}^-$，我们称其为**稳定的多项式**. 以下所给出的分析多项式稳定的方法是 1868 年 J.C. 麦克斯韦在关于离心调速器的论文中提出的，由 A. 赫尔维茨和 E.J. 劳斯先后独立地解决，又称为系统稳定的劳斯判据.

首先, 若 n 次多项式 (2.2.1) 的零点为 $s_1, s_2, \cdots, s_n$. 由代数方程的基本理论可得

$$
\frac{a_1}{a_0} = -\sum_{i=1}^{n} s_i, \quad \frac{a_2}{a_0} = \sum_{i,j=1,\ i\neq j}^{n} s_i s_j
$$

$$
\frac{a_3}{a_0} = -\sum_{i,j,k=1,\ i\neq j\neq k}^{n} s_i s_j s_k, \quad \cdots, \quad \frac{a_n}{a_0} = (-1)^n \prod_{i=1}^{n} s_i
$$

(2.2.2)

此外, 容易证明以下结论.

引理 2.2.1　设实系数多项式 (2.2.1) 稳定, 则有

$$
\begin{cases}
|p(s)| = |p(-s)|, & \forall\, Re\, s = 0 \\[2mm]
|p(s)| < |p(-s)|, & \forall\, Re\, s < 0 \\[2mm]
|p(s)| > |p(-s)|, & \forall\, Re\, s > 0
\end{cases}
$$

引理 2.2.2　设形如式 (2.2.1) 的 n 次多项式 $p(s)$ 满足 $a_n \neq 0$. 定义其互反多项式为

$$
p^*(s) = a_0 + a_1 s + \cdots + a_n s^n
$$

则

(i) 对任意的 $s \neq 0$, 有 $p^*(s) = s^n p\left(\frac{1}{s}\right)$.

(ii) $p^*(s)$ 的互反多项式是 $p(s)$.

(iii) $p^*(s)$ 和 $p(s)$ 具有相同的稳定性.

有了以上准备工作后, 我们可以证明以下结论:

定理 2.2.3　设式 (2.2.1) 所定义的 n 次多项式 $p(s)$ 满足 $a_0 > 0$, $a_1 \neq 0$. 令

$$
\varphi(s) = p(s) - \frac{a_0}{a_1} \frac{s}{2} \left[p(s) - (-1)^n p(-s) \right]
$$

(2.2.3)

则多项式 $p(s)$ 稳定当且仅当 $a_1 > 0$ 且多项式 $\varphi(s)$ 稳定.

证明　首先, 若 $p(s)$ 稳定, 则由式 (2.2.2) 可得 $\alpha \doteq \frac{a_0}{a_1} > 0$. 容易计算

$$
\varphi(s) = \left(1 - \frac{\alpha s}{2}\right) p(s) + (-1)^n \frac{\alpha s}{2} p(-s)
$$

(2.2.4)

以及

$$\varphi^*(s) = s^{n-1}\varphi\left(\frac{1}{s}\right)$$

$$= s^{n-1}\left[\left(1-\frac{\alpha}{2s}\right)p\left(\frac{1}{s}\right) + (-1)^n\frac{\alpha}{2s}p\left(-\frac{1}{s}\right)\right]$$

$$= s^{n-1}\left[\left(1-\frac{\alpha}{2s}\right)\frac{1}{s^n}p^*(s) + \frac{\alpha}{2s}\frac{1}{s^n}p^*(-s)\right] \qquad (2.2.5)$$

$$= \frac{1}{s^2}\left[\left(s-\frac{\alpha}{2}\right)p^*(s) + \frac{\alpha}{2}p^*(-s)\right]$$

从式 (2.2.4) 以及 p 的稳定性可得: $\varphi(0) = p(0) \neq 0$, 因此 φ^* 是 $n-1$ 次多项式. 下面证明 φ^* 的稳定性. 设 $\mu \in \mathbf{R}$. 定义两个函数:

$$G(s,\mu) \doteq \left(s-\frac{\mu}{2}\right)p^*(s) + \frac{\mu}{2}p^*(-s) \qquad (2.2.6)$$

$$F(s,\mu) \doteq \sum_{j=0}^{n-1}\left\{a_j - [1+(-1)^j]\frac{\mu}{2}a_{j+1}\right\}s^j + a_n s^n$$

容易验证,

$$G(s,\mu) = sF(s,\mu), \quad F(s,\alpha) = s\varphi^*(s)$$

$$F(s,0) = p^*(s), \quad F(0,\mu) = a_1(\alpha-\mu) \qquad (2.2.7)$$

当 $\omega \neq 0$ 时, 由式 (2.2.6) 和式 (2.2.7) 可得

$$F(i\omega,\mu) = \left(i+\frac{i\mu}{2\omega}\right)p^*(i\omega) - \frac{i\mu}{2\omega}\overline{p^*(i\omega)}$$

$$= \left[Re\, p^*(i\omega) - \frac{\mu}{\omega}Im\, p^*(i\omega)\right] + iIm\, p^*(i\omega)$$

由于 $p(s)$ 是稳定的多项式, 因此, $p^*(i\omega) \neq 0$. 则对任意的参数 μ,

$$F(i\omega,\mu) \neq 0, \quad \forall\, \omega \neq 0 \qquad (2.2.8)$$

当 $\omega = 0$ 时, 从式 (2.2.7) 知,

$$F(0,\mu) \neq 0, \quad \forall\, \mu \neq \alpha \qquad (2.2.9)$$

综合以上两式得到, 当 $\mu \in [0,\alpha)$ 时, 函数 $F(\cdot,\mu)$ 在虚轴上无零点. 此外, 当参数 $\mu = 0$ 时, 由 $P(\cdot)$ 的稳定性得到 $F(\cdot,0) = p^*(\cdot)$ 的零点包含于 $\mathbf{C}^-$. 注意到 $F(\cdot,\mu)$

的零点分布关于参数 μ 连续. 因此, 当 $0 \leqslant \mu \leqslant \alpha$ 时, $F(\cdot, \mu)$ 的零点包含于 $\overline{\mathbf{C}^-}$ 中. 结合式 (2.2.7) 即得到函数 $\varphi^*(s)$ 的零点也包含于 $\overline{\mathbf{C}^-}$ 中. 再由式 (2.2.7) 和式 (2.2.8) 知道对任意的 $\omega \neq 0$, 有 $\varphi^*(i\omega) \neq 0$. 而 $\varphi^*(0) = a_1 \neq 0$. 综上所述, 多项式 $\varphi^*(\cdot)$ 是稳定的.

反之, 从式 (2.2.4) 得到

$$\varphi(-s) = \left(1 + \frac{\alpha s}{2}\right)p(-s) - (-1)^n \frac{\alpha s}{2}p(s) \tag{2.2.10}$$

由式 (2.2.4) 和式 (2.2.10) 得到

$$p(s) = \left(1 + \frac{\alpha s}{2}\right)\varphi(s) - (-1)^n \frac{\alpha s}{2}\varphi(-s) \tag{2.2.11}$$

注意到

$$\left|1 + \frac{\alpha s}{2}\right| > \left|\frac{\alpha s}{2}\right|, \quad \forall Re\, s \geqslant 0 \tag{2.2.12}$$

结合引理 2.2.1 和 φ 的稳定性可知

$$|\varphi(s)| > \max\{|\varphi(-s)|, 0\}, \quad \forall Re\, s > 0 \tag{2.2.13}$$

和

$$|\varphi(s)| = |\varphi(-s)| > 0, \quad \forall Re\, s = 0 \tag{2.2.14}$$

综合以上得到

$$\left|\left(1 + \frac{\alpha s}{2}\right)\varphi(s)\right| > \left|\frac{\alpha s}{2}\varphi(-s)\right|, \quad \forall Re\, s \geqslant 0 \tag{2.2.15}$$

最后, 由式 (2.2.11) 和式 (2.2.15) 得到

$$|p(s)| > 0, \quad \forall Re\, s \geqslant 0 \tag{2.2.16}$$

$\square$

2.2.2 劳斯定理

从定理 2.2.3 得到, n 次实系数多项式的稳定性问题可转化为其首项系数的符号判定和一个 $n-1$ 次实系数多项式的稳定性问题. 自然地, 通过逐次递推, 最后

可将 n 次实系数多项式的稳定性化为一组特定参数的符号判定和一个 1 次多项式的稳定性判定. 这即是劳斯判据的思想. 为了更简便地运用这一方法, 我们引入劳斯表. 该数表的元素由多项式的系数决定, 其中第 1 行和第 2 行分别由多项式的第 $1, 3 \cdots$ 项的系数和第 $2, 4 \cdots$ 项的系数按顺序排列构成; 之后的第 k 行的数值, 可由第 $k-2$ 行和第 $k-1$ 行的数值通过以下公式逐次计算; 若在计算中出现空位, 均置其为零; 这个过程一直进行到第 $n+1$ 行为止.

具体地, 多项式 (2.2.1) 的劳斯表定义为

$$R_1: \qquad b_{11} \doteq a_0 \quad b_{12} \doteq a_2 \quad b_{13} \doteq a_4 \quad b_{14} \doteq a_6 \quad \cdots$$

$$R_2: \qquad b_{21} \doteq a_1 \quad b_{22} \doteq a_3 \quad b_{23} \doteq a_5 \quad b_{24} \doteq a_7 \quad \cdots$$

$$R_3: \qquad b_{31} \qquad b_{32} \qquad b_{33} \qquad b_{34} \qquad \cdots$$

$$R_4: \qquad b_{41} \qquad b_{42} \qquad b_{43} \qquad b_{44} \qquad \cdots$$

$$\vdots \qquad\qquad \vdots \qquad\quad \vdots \qquad\quad \vdots \qquad\quad \vdots \qquad\quad \vdots$$

$$R_{n-1}: \qquad b_{n-1,1} \qquad b_{n-2,2} \qquad 0 \qquad\quad 0 \qquad \cdots$$

$$R_n: \qquad b_{n,1} \qquad\quad 0 \qquad\quad 0 \qquad\quad 0 \qquad \cdots$$

$$R_{n+1}: \qquad b_{n+1,1} \doteq a_n \quad 0 \qquad\quad 0 \qquad\quad 0 \qquad \cdots$$

其中

$$b_{kj} = -\frac{\begin{vmatrix} b_{k-2,1} & b_{k-2,j+1} \\ b_{k-1,1} & b_{k-1,j+1} \end{vmatrix}}{b_{k-1,1}}, \quad k = 3, 4, \cdots, n+1, \quad j = 1, 2, \cdots$$

定理 2.2.4 设多项式 (2.2.1) 满足 $a_0 > 0$, 则该多项式稳定当且仅当其劳斯表中第一列的元素均为正.

证明 引入一列多项式:

$$\begin{aligned} p_n(s) &\doteq p(s) \\ &\doteq a_0^{(n)} s^n + a_1^{(n)} s^{n-1} + \cdots + a_{n-1}^{(n)} s + a_n^{(n)} \\ p_{n-1}(s) &\doteq \varphi(s) \end{aligned}$$

$$\doteq a_0^{(n-1)} s^{n-1} + a_1^{(n-1)} s^{n-2} + \cdots + a_{n-2}^{(n-1)} s + a_{n-1}^{(n-1)}$$

$$\vdots$$

$$p_k(s) \doteq a_0^{(k)} s^k + a_1^{(k)} s^{k-1} + \cdots + a_{k-1}^{(k)} s + a_k^{(k)}$$

$$\vdots$$

$$p_1(s) \doteq a_0^{(1)} s + a_1^{(1)}$$

其中, $\varphi(s)$ 如式 (2.2.3) 所定义, 容易验证对任意的 $k = n-1, n-2, \cdots, 1,$

$$a_j^{(k)} = \begin{cases} a_{j+1}^{(k+1)}, & j = 0 \text{ 或偶数} \\[2mm] -\dfrac{\begin{vmatrix} a_0^{(k+1)} & a_{j+1}^{(k+1)} \\ a_1^{(k+1)} & a_{j+2}^{(k+1)} \end{vmatrix}}{a_1^{k+1}} = b_{n-k+2, \frac{i+1}{2}}, & j \text{ 是奇数} \end{cases} \tag{2.2.17}$$

应用定理 2.2.4 可知, $p(\cdot)$ 稳定的充要条件是 $a_1^{(k)} = b_{n-k+2,1} > 0,\ k = 1, 2, \cdots, n-1.$ 定理得证. □

因此, 分析多项式 (2.2.1) 的稳定性, 可以由劳斯表进行递推运算. 若劳斯表的第一列所有元素都是正的, 则多项式稳定, 若在计算劳斯表的递推运算中出现某行的第一列元素是非正的, 则多项式不稳定, 递推运算终止. 此外, 由定理 2.2.4, 以下结论是显然的.

推论 2.2.5

(i) 设 $a, b, c, d \in \mathbf{R}.$ 则

- $s+a$ 稳定当且仅当 $a > 0.$
- $s^2 + as + b$ 稳定当且仅当 $a > 0,\ b > 0.$
- $s^3 + as^2 + bs + c$ 稳定当且仅当 $a > 0,\ b > 0,\ c > 0,\ ab > c.$
- $s^4 + as^3 + bs^2 + cs + d$ 稳定当且仅当 $a > 0,\ b > 0,\ c > 0,\ d > 0,\ abc > c^2 + a^2 d.$

(ii) 设 多项式 (2.2.1) 稳定且满足 $a_0 > 0$, 则 $a_1, a_2, \cdots, a_n > 0.$

例 2.2.1 传染病的传播模型

设某一传染病在人群中传播. 首先将被调查人群分为三类, 其中 x_1 是易受感染人数, x_2 是已染病人数, x_3 是因为不再受传染病的影响而从最初人群中剔除出

去的人数 (譬如接受了免疫治疗, 与传染源隔离, 已经死亡的人数等). 此外, 令 u_1 是新加入的易受感染者的速率, u_2 是新加入的染病者的速率. 则该传染病的传播可以用一组微分方程来表示.

$$\begin{cases} \dfrac{d}{dt}x_1 = -\alpha x_1 - \beta x_2 + u_1 \\[2mm] \dfrac{d}{dt}x_2 = \beta x_1 - \gamma x_2 + u_2 \\[2mm] \dfrac{d}{dt}x_3 = \alpha x_1 + \gamma x_2 \end{cases}$$

其中, α, β, γ 是参数. 则系统的状态方程为

$$\frac{d}{dt}\begin{bmatrix} x_1 \\ x_2 \\ x_3 \end{bmatrix} = \begin{bmatrix} -\alpha & -\beta & 0 \\ \beta & -\gamma & 0 \\ \alpha & \gamma & 0 \end{bmatrix} \begin{bmatrix} x_1 \\ x_2 \\ x_3 \end{bmatrix} + \begin{bmatrix} 1 & 0 \\ 0 & 1 \\ 0 & 0 \end{bmatrix} \begin{bmatrix} u_1 \\ u_2 \end{bmatrix}$$

其状态矩阵的特征多项式为

$$p(s) = s[s^2 + (\alpha + \gamma)s + (\alpha\gamma + \beta^2)]$$

该多项式有一个零点在虚轴上, 因此该系统是不稳定的.

例 2.2.2　设 a, b 是参数, 我们可以用劳斯定理分析以下多项式的稳定性

$$s^4 + 8s^3 + 17s^2 + (b+10)s + ab = 0$$

事实上, 相应的劳斯表为

R_1	1	17	ab
R_2	8	$b+10$	0
R_3	c_3	ab	0
R_4	c_4	0	0
R_5	ab	0	0

其中

$$c_3 = \frac{126 - b}{8}, \quad c_4 = \frac{c_3(b+10) - 8ab}{c_3}$$

因此, 当参数 a, b 满足

$$b < 126, \quad ab > 0, \quad (b+10)(126-b) - 64ab > 0$$

时, 多项式稳定.

2.3 稳定性与李雅普诺夫方程

2.3.1 耗散矩阵

在前两节中, 我们从状态矩阵 A 的特征值分布来分析系统 (2.1.1) 的稳定性. 若系统 (2.1.1) 是一维系统, 即状态函数 $z(\cdot) : [0, \infty) \to \mathbf{R}$ 满足

$$\frac{d}{dt} z = az, \quad a \in \mathbf{R}$$

显然, $z(t)$ 稳定当且仅当 $a < 0$. 这个简单的结论如何推广至 n 维系统呢? 本节将讨论这个问题.

若矩阵 $A \in \mathbf{R}^{n \times n}$ 满足 $A + A^\top < 0$, 则称该矩阵 A 或系统 (2.1.1) 是**耗散**的. 容易证明, 耗散的矩阵是稳定的. 事实上, 设 λ 是 A 的任意一个特征值, x 是相应的特征向量, 则

$$Re\,\lambda = \frac{1}{\|x\|} Re\,\langle Ax,\, x \rangle = \frac{1}{2\|x\|}\Big(\langle Ax,\, x \rangle + \langle A^\top x,\, x \rangle\Big) < 0$$

因此, 由定理 2.1.4 得到矩阵 A 的稳定性. 反之, 稳定的矩阵却不一定耗散. 譬如

$$A = \begin{pmatrix} -1 & 3 \\ 0 & -1 \end{pmatrix}$$

是稳定的, 但是 $A + A^\top$ 的特征值为 $-5, 1$, 因而 A 不是耗散的.

2.3.2 李雅普诺夫方程

从上面的例子可以得到, 矩阵的耗散性强于稳定性. 进一步地, 注意到矩阵的相似变换不改变其特征值, 从而也不改变矩阵的稳定性质. 若 A 相似于一个耗散矩阵 F, 则存在可逆阵 $\widetilde{P}$ 使得

$$\widetilde{P} A \widetilde{P}^{-1} + (\widetilde{P}^\top)^{-1} A^\top \widetilde{P}^\top = F + F^\top < 0 \tag{2.3.1}$$

令 $P = \widetilde{P}^\top \widetilde{P}$. 上式左乘以 $\widetilde{P}^\top$, 右乘以 $\widetilde{P}$ 得到

$$PA + A^\top P^\top < 0 \tag{2.3.2}$$

综上所述, 若 A 相似于一个耗散的矩阵, 则 A 稳定, 且存在正定矩阵 P, 使得式 (2.3.2) 成立. 更一般地, 我们有以下结论.

定理 2.3.1 *设 $A \in \mathbf{R}^{n \times n}$. 若存在正定矩阵 $P, R \in \mathbf{R}^{n \times n}$ 使得*

$$A^\top P + PA + R = 0 \tag{2.3.3}$$

*则 A 是稳定的. 方程 (2.3.3) 称为**李雅普诺夫方程**.*

反之, 若矩阵 $A \in \mathbf{R}^{n \times n}$ 稳定, 则对任意矩阵 $R \in \mathbf{R}^{n \times n}$, 存在唯一的 P 满足方程 (2.3.3), 且

$$P = \int_0^\infty e^{A^\top t} R e^{At} dt \tag{2.3.4}$$

此外, 若 R 是正定 (半正定) 矩阵, 则 P 也是正定 (半正定) 的.

证明 设 λ 是 A 的任意特征值, x 是属于 λ 的特征向量. 由方程 (2.3.3) 可得

$$-\langle x, Rx \rangle = \langle Ax, Px \rangle + \langle x, PAx \rangle = 2Re\,\lambda\,\langle x, Px \rangle$$

由于 R 和 P 是正定矩阵, 向量 $x \neq 0$, 因此 $Re\,\lambda < 0$. 再由 λ 的任意性得到 A 是稳定的矩阵.

反之, 若 A 是稳定的, 则存在正常数 M, ω, 使得

$$\|e^{At}\| \leqslant Me^{-\omega t}, \quad \forall\, t \geqslant 0$$

因此, 无穷积分式 (2.3.4) 的定义是有意义的, 且有

$$A^\top P + PA = \int_0^\infty (A^\top e^{A^\top t} R e^{At} + e^{A^\top t} R e^{At} A) dt$$

$$= \int_0^\infty \frac{d}{dt} (e^{A^\top t} R e^{At}) dt$$

再结合 A 的稳定性, 我们证明了矩阵 P 满足方程 (2.3.3).

进一步地, 假设 $\widetilde{P}$ 也是方程 (2.3.3) 的一个解. 则

$$\frac{d}{dt}[e^{A^\top t}(P - \widetilde{P})e^{At}] = e^{A^\top t}(A^\top P + PA - A^\top \widetilde{P} - \widetilde{P}A)e^{At} = 0$$

上式在 $[0, s]$ 上积分得到

$$e^{A^\top s}(P - \widetilde{P})e^{As} - (P - \widetilde{P}) = 0$$

令 $s \to \infty$, 并结合 A 的稳定性, 即得到 $P = \widetilde{P}$.

最后, 从式 (2.3.4) 可知, 若 R 是正定（半正定）的, 则 P 也是正定（半正定）的. □

结合式 (2.3.1), 式 (2.3.2) 和定理 2.3.1, 可得以下结论.

定理 2.3.2 设 $A \in \mathbf{R}^{n \times n}$. 矩阵 A 稳定当且仅当它相似于一个耗散矩阵.

下面我们通过由李雅普诺夫方程来估计矩阵的增长阶.

定理 2.3.3 设矩阵 $A \in \mathbf{R}^{n \times n}$. 存在 $\alpha \geqslant 0$ 使得

$$A + A^\top \leqslant -2\alpha I \tag{2.3.5}$$

则

$$\|e^{At}\| \leqslant e^{-\alpha t}, \quad \forall\, t \geqslant 0 \tag{2.3.6}$$

证明 首先考虑当 $\alpha = 0$ 时的情形. 对任意的 $x \in \mathbf{R}^n$, 令 $h(t) = \|e^{At}x\|$. 则从式 (2.3.5) 可得

$$\frac{d}{dt}h(t) = \langle Ae^{At}x,\, e^{At}x \rangle + \langle e^{At}x,\, Ae^{At}x \rangle \leqslant 0$$

因此, 函数 $h(\cdot)$ 是非增的, 即对任意的 $t \geqslant 0$, 有 $h(t) \leqslant h(0)$. 从而有

$$\|e^{At}\| \leqslant 1, \quad \forall\, t \geqslant 0$$

此外, 若在式 (2.3.5) 中 $\alpha > 0$, 则可对 $A + \alpha I$ 重复以上证明, 从而得到对任意的 $t \geqslant 0$, 有估计 $e^{\alpha t}\|e^{At}\| \leqslant 1$. □

设矩阵 $M \in \mathbf{R}^{n \times n}$. 定义 $\lambda_{max}(M)$ 为 M 的最大实特征值, $\lambda_{min}(M)$ 为 M 的最小实特征值.

定理 2.3.4 设矩阵 $A \in \mathbf{R}^{n \times n}$ 稳定, $W \in \mathbf{R}^{n \times n}$ 正定, P 是李雅普诺夫方程 (2.3.3) 的（唯一正定）解. 则

$$\|e^{At}\| \leqslant \left[\frac{\lambda_{max}(P)}{\lambda_{min}(P)}\right]^{\frac{1}{2}} e^{-\alpha t}, \quad \text{其中 } \alpha = \frac{\lambda_{min}(P^{-1}W)}{2} \tag{2.3.7}$$

证明　首先由定理 2.3.2，$P^{-1}W$ 是正定矩阵，则其特征值均为正实数. 我们将方程 (2.3.3) 的左右两边分别乘以 $P^{-\frac{1}{2}}$ 得到

$$P^{-\frac{1}{2}}A^\top P^{\frac{1}{2}} + P^{\frac{1}{2}}AP^{-\frac{1}{2}} = -P^{-\frac{1}{2}}WP^{-\frac{1}{2}} \leqslant -2\widetilde{\alpha}I$$

其中，$2\widetilde{\alpha} = \lambda_{min}(P^{-\frac{1}{2}}WP^{-\frac{1}{2}})$. 由于 $P^{-\frac{1}{2}}WP^{-\frac{1}{2}}$ 和 $P^{-1}W$ 相似，因此 $\widetilde{\alpha} = \alpha$. 结合上式和定理 2.3.3 得到

$$\|e^{tP^{\frac{1}{2}}AP^{-\frac{1}{2}}}\| \leqslant e^{-\alpha t}$$

从而有

$$\|e^{At}\| \leqslant \|P^{-\frac{1}{2}}\| \|e^{tP^{\frac{1}{2}}AP^{-\frac{1}{2}}}\| \|P^{\frac{1}{2}}\| \leqslant \|P^{-\frac{1}{2}}\| \|P^{\frac{1}{2}}\|e^{-\alpha t}$$

注意到 $\|P^{\frac{1}{2}}\|^2 = \lambda_{max}(P)$，$\|P^{-\frac{1}{2}}\|^2 = \dfrac{1}{\lambda_{min}(P)}$. 因此，我们证明了式 (2.3.7).　　□

设矩阵 $A \in \mathbf{R}^{n \times n}$. 若存在正定矩阵 P, $R \in \mathbf{R}^{n \times n}$ 使得李雅普诺夫方程 (2.3.3) 成立，则

$$\frac{d}{dt}e^{A^\top t}Pe^{At} = e^{A^\top t}(A^\top P + PA)e^{At} = -e^{A^\top t}Re^{At} \tag{2.3.8}$$

另一方面，令 $P = \mathcal{P}^\top \mathcal{P}$，其中 $\mathcal{P} \in \mathbf{R}^{n \times n}$ 可逆. 从而由式 (2.3.8) 得到

$$\frac{d}{dt}\|\mathcal{P}e^{At}x\|^2 \leqslant 0, \quad \forall\, x \in \mathbf{R}^n \tag{2.3.9}$$

我们称 $\dfrac{1}{2}\|\mathcal{P}e^{At}z_0\|^2 = \dfrac{1}{2}(e^{At}z_0)^\top Pe^{At}z_0$ 为系统 (2.1.1) 的**能量函数**或**李雅普诺夫函数**. 显然，能量函数的选取不唯一，且关于时间是非增的.

由以上两个例子可知，在讨论矩阵 A 的稳定性时，可从能量函数 $\dfrac{1}{2}(e^{At}x)^\top Pe^{At}x$ 的角度出发，通过分析其长时行为来讨论 A 的稳定性. 一般称这类能量函数为**李雅普诺夫函数**，其选取与李雅普诺夫方程密切相关.

例 2.3.1　考虑一个二维系统

$$\frac{d}{dt}z(t) = Az(t) = \begin{bmatrix} 0 & 9 \\ -1 & 0 \end{bmatrix} z(t), \quad z = \begin{bmatrix} z_1 \\ z_2 \end{bmatrix} \tag{2.3.10}$$

由于矩阵 A 的特征值是 $\lambda = \pm 3\,i$，由定理 2.1.4 可知 A 是非稳定的矩阵.

另一方面，引入矩阵

$$P = \begin{bmatrix} \dfrac{1}{9} & 0 \\ 0 & 1 \end{bmatrix}, \quad \mathcal{P} = \begin{bmatrix} \dfrac{1}{3} & 0 \\ 0 & 1 \end{bmatrix}$$

则 P 正定，$\mathcal{P}^\top \mathcal{P} = P$，且有

$$\frac{d}{dt}\|\mathcal{P}^{\frac{1}{2}} z(t)\|^2 = \frac{2}{9} z_1 \frac{d}{dt} z_1 + 2 z_2 \frac{d}{dt} z_2 = 0$$

则能量函数 $\frac{1}{2}\|\mathcal{P}^{\frac{1}{2}} z(t)\|^2$ 不随着时间的变化而变化，因此不可能是稳定的.

例 2.3.2 *考虑系统*

$$\frac{d}{dt} z(t) = A z(t) = \begin{bmatrix} -1 & 4 \\ -1 & -1 \end{bmatrix} z(t) \tag{2.3.11}$$

矩阵 A 的特征值是 $\lambda = -1 \pm 2i$，因此 A 是稳定的.

定义

$$P = \begin{bmatrix} \dfrac{7}{20} & \dfrac{3}{20} \\[2mm] \dfrac{3}{20} & \dfrac{11}{10} \end{bmatrix} \tag{2.3.12}$$

则 P 是正定矩阵，且有

$$A^\top P + PA = -I \tag{2.3.13}$$

从而可以定义该系统的能量函数为 $\frac{1}{2} z(t)^\top P z(t)$. 对于非零状态，该能量函数严格单降.

此外，由于矩阵 P 的特征值为 $\lambda_1 \simeq 0.3211$，$\lambda_2 \simeq 1.1289$，应用定理 2.3.4 得到系统的解满足

$$\|e^{At}\| \leqslant 1.8751\, e^{-0.4428t}$$

2.4 非线性系统的稳定性

2.4.1 非线性系统稳定性的定义

在前面的几节，我们分析了有限维线性自治系统的稳定性. 本节将讨论更为一般的系统 (1.1.1)~(1.1.2) 的状态变量当 $t \to \infty$ 时的行为. 同前几节一样，我们假设系统自治，且无输入和输出. 则系统的状态方程为

$$\frac{d}{dt} z(t) = f(z(t)), \quad z(0) = z_0 \in \mathbf{R}^n \tag{2.4.1}$$

其中, f 是 $\mathbf{R}^n$ 上的映射. $z(\cdot) \doteq z(\cdot; z_0)$ 是当初始状态为 z_0 时系统的状态. 在本节中, 我们假设 f 满足一定的条件, 以保证系统 (2.4.1) 的解的存在唯一. 事实上, 关于系统 (2.4.1) 的解的存在性有以下结论。

引理 2.4.1 *若映射 $f : \mathbf{R}^n \to \mathbf{R}^n$ 连续, 且存在正常数 C, 使得*

$$\|f(x)\| \leqslant C\left(\|x\| + 1\right) \tag{2.4.2}$$

$$\|f(x) - f(y)\| \leqslant C\|x - y\|, \quad \forall\, x, y \in \mathbf{R}^n \tag{2.4.3}$$

则系统 (2.4.1) 存在唯一的解.

若 $f(\cdot)$ 是线性映射, 则系统 (2.4.1) 成为线性系统 (2.1.1). 当 $f(\cdot)$ 是非线性时, 相应的非线性系统的稳定性问题更加复杂. 首先, 我们定义系统 (2.4.1) 的**平衡状态**或**平衡解**为满足 $f(z_e) = 0$ 的状态 z_e. 显然, 常数解是系统的平衡解. 对于线性定常系统 (2.1.1), 当 A 可逆时, 系统存在唯一的平衡状态; 当 A 不可逆时, 系统有无穷多个平衡状态.

例 2.4.1   离心调速器是蒸汽机的重要组成部分, 用于维持蒸汽机转速恒定. 其构造如图 2.1. 设 x_1 是飞轮转速度的大小, x_2 是带有小球的杆与枢轴的夹角. 系统的数学模型是

$$\begin{cases} \dfrac{d}{dt}x_1 = a_1 \cos x_2 - a_2 \\[2mm] \dfrac{d^2}{dt^2}x_2 = a_3 x_1^2 \sin x_2 \cos x_2 - a_4 \sin x_2 - a_5 \dfrac{d}{dt}x_2 \\[2mm] x_1(0) = x_{10}, \ \ x_2(0) = x_{20}, \ \ \dfrac{d}{dt}x_2(0) = x_{30} \end{cases} \tag{2.4.4}$$

其中, $a_1, \cdots, a_5$ 是正常数, $a_1 > a_2$. 将该系统写为状态方程 (2.4.1) 的形式, 其中状态变量为 $z = (z_1,\ z_2,\ z_3)^\top \doteq \left(x_1,\ x_2,\ \dfrac{d}{dt}x_2\right)^\top$. 映射 f 定义为

$$f(z) = \begin{bmatrix} a_1 \cos z_2 - a_2 \\[2mm] z_3 \\[2mm] a_3 z_1^2 \sin z_2 \cos z_2 - a_4 \sin z_2 - a_5 z_3 \end{bmatrix} \tag{2.4.5}$$

容易计算, 该系统的平衡点 $z_e = (z_{e1},\ z_{e2},\ z_{e3})$ 满足

$$\cos z_{e2} = \frac{a_2}{a_1}, \quad a_3 z_{e1}^2 \cos z_{e2} - a_4 = 0, \quad z_{e3} = 0 \tag{2.4.6}$$

这对应于蒸汽机的正常工作状态, 即飞轮旋转的角速度保持常值, 蒸汽机的进气阀门的开度不变.

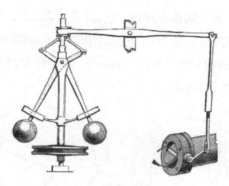

图 2.1 离心调速器

一般来说, 当系统的平衡状态被打破之后, 系统若能够自动返回平衡状态或趋于 (新的) 平衡状态, 则称系统是稳定的. 依据系统在扰动后重返平衡状态的性质, 我们引入几个稳定性的概念.

定义 2.4.1 设 z_e 是系统 (2.4.1) 的平衡状态. $f(\cdot)$ 满足引理 2.4.1 的条件.

(i) 若对于任意 $\varepsilon > 0$, 存在 $\delta(\varepsilon) > 0$, 使得

$$\|z_0 - z_e\| < \delta(\varepsilon) \ \Rightarrow \ \|z(t; z_0) - z_e\| < \varepsilon, \quad \forall t \geqslant 0 \qquad (2.4.7)$$

则称 z_e 是**李雅普诺夫稳定**的.

(ii) 若 z_e 是李雅普诺夫稳定的, 且存在 $\gamma > 0$, 使得

$$\|z_0 - z_e\| < \gamma \ \Rightarrow \ \lim_{t \to \infty} z(t; z_0) = z_e \qquad (2.4.8)$$

则称 z_e 是**渐进稳定**的.

(iii) 若 z_e 是李雅普诺夫稳定的, 且对任意 $z_0 \in \mathbf{R}^n$, 有

$$\lim_{t \to \infty} z(t; z_0) = z_e$$

则称 z_e 是**整体渐进稳定**的.

(iv) 若 z_e 不是李雅普诺夫稳定的, 则称 z_e 是**非稳定**的.

设 z_e 是系统 (2.4.1) 的平衡解，$B_r(z_e) \doteq \{x \in \mathbf{R}^n \mid \|x\| < r\}$ 是以 z_e 为中心，$r > 0$ 为半径的球，若对任意的正数 ε，存在 $\delta(\varepsilon) > 0$，使得由 $B_{\delta(\varepsilon)}(z_e)$ 出发的运动轨线对于任意 $t \geqslant 0$ 均落在球域 $B_\varepsilon(z_e)$ 中，则 z_e 是李雅普诺夫稳定的（如图 2.2(a)）. 此外，若存在 γ，使得由 $B_\gamma(z_e)$ 出发的运动轨线在时间足够长时无穷地接近 z_e，则 z_e 是渐进稳定的（如图 2.2(b)）. 而整体渐进稳定是更强的概念，要求系统的每个解都收敛于平衡点.

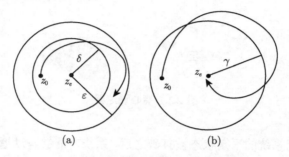

图 2.2　李雅普诺夫稳定和渐进稳定

例 2.4.2　考虑一个极坐标系上的二维系统

$$\begin{cases} \dfrac{d}{dt}r = r(1-r) \\[2mm] \dfrac{d}{dt}\theta = \sin^2\left(\dfrac{\theta}{2}\right) \end{cases}$$

该系统有两个平衡点 $p_1 = (0,\,0)$ 和 $p_2 = (1,\,0)$. 其解的轨迹如图 2.3. 容易验证，该系统的任意非零解满足 $\lim\limits_{t\to\infty}(r,\theta) = p_2$，因此式 (2.4.8) 成立. 但是 $(1,0)$ 不是李雅普诺夫稳定的.

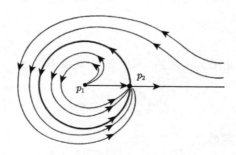

图 2.3　例 2.4.2 的解的轨迹

2.4.2 李雅普诺夫定理

下面我们分析系统 (2.4.1) 的稳定性. 首先引入几个概念. 设 $x \in \mathbf{R}^n$, $z(t;x)$ 是系统 (2.4.1) 的解. 若存在满足 $\lim\limits_{k\to\infty} t_k = \infty$ 的序列 $\{t_k\}_{k=1}^{\infty}$, 使得 $\lim\limits_{k\to\infty} z(t_k; x) = \xi$, 则称 ξ 为 $z(t;x)$ 的 $\omega-$ **极限点**. $z(t;x)$ 的 $\omega-$ 极限点的集合称为 $\omega-$ **极限集**, 记为 $\omega(x)$. 此外, 若集合 $M \subset \mathbf{R}^n$ 满足

$$x \in M \ \Rightarrow \ z(t; x) \in M, \quad \forall\, t \in [0, \infty)$$

则称 M 是系统 (2.4.1) 的**不变集**.

定理 2.4.2 设映射 $f : \mathbf{R}^n \to \mathbf{R}^n$ 连续可微, 且 $f(0) = 0$. D 是 $\mathbf{R}^n$ 中包含零点的非空开集. $V : D \to \mathbf{R}$ 是连续可微的函数.

(i) 若 V 满足

$$V(0) = 0 \ \text{和} \ V(x) > 0, \quad \forall\, x \in D,\ x \neq 0 \tag{2.4.9}$$

$$V_f(x) \doteq \frac{d}{dt} V(z(t;x))\Big|_{t=0} = \sum_{j=1}^{n} \frac{\partial V(x)}{\partial x_j} f_j(x) \leqslant 0, \quad \forall\, x \in D \tag{2.4.10}$$

则 $z_e = 0$ 是李雅普诺夫稳定的.

(ii) 若 V 满足式 (2.4.9) 以及

$$V_f(x) < 0, \quad \forall\, x \in D,\ x \neq 0 \tag{2.4.11}$$

则 $z_e = 0$ 是渐进稳定的.

证明 (i) 设 $\varepsilon > 0$ 是任意常数, 并选择常数 r 满足 $0 < r < \varepsilon$ 和 $B_r(0) \doteq \{x \mid \|x\| < r\} \subset D$. 则从式 (2.4.9) 得到

$$\alpha \doteq \min_{\|x\| = r} V(x) > 0$$

令 $0 < \beta < \alpha$, 定义

$$K_\beta \doteq \{x \in B_r(0) \mid V(x) \leqslant \beta\}$$

下面证明 K_β 是系统 (2.4.1) 的不变集. 否则, 存在 $x \in K_\beta$, 以及 $0 < T_0 < T$, 使得系统 (2.4.1) 的解在 $0 \leqslant t \leqslant T$ 时有 $z(t;x) \in D$, 在 T_0 时刻满足 $z(T_0;x) \in D \setminus K_\beta$.

令

$$t_0 \doteq \inf\{s > 0 \,|\, s < T, \, z(s; x) \notin K_\beta\}$$

从 V 的连续性可得 K_β 是闭集, 因此 $z(t_0; x) \in K_\beta$. 从而存在 $t_0 < s < T$, 使得

$$V(z(t_0; x)) \leqslant \beta < V(z(s; x)) \tag{2.4.12}$$

另一方面, 由式 (2.4.10) 可得

$$\frac{d}{dt} V(z(t; x)) = V_f(z(t; x)) \leqslant 0, \quad \forall \, 0 \leqslant t \leqslant T \tag{2.4.13}$$

式 (2.4.13) 与式 (2.4.12) 矛盾. 因此, K_β 是不变集.

　　由于 V 在零点连续, 则对前面给定的 $\beta > 0$, 存在满足 $\delta < r$ 的正常数 δ, 使得当 $\|x\| < \delta$ 时有 $V(x) < \beta$. 综上所述, 我们得到

$$B_\delta(0) \subseteq K_\beta \subseteq B_r(0) \subseteq B_\varepsilon(0) \tag{2.4.14}$$

从式 (2.4.14) 和 K_β 的不变性质, 我们证明了零点的李雅普诺夫稳定性.

　　(ii) 由于 $V(z(t; x))$ 是单降、下有界的函数, 则对任意的 $x \in B_\delta(0)$, 有

$$\lim_{t \to \infty} V(z(t; x)) = \nu \geqslant 0 \tag{2.4.15}$$

下面证明 $\nu = 0$. 否则, 若 $\nu > 0$. 定义 $K_\nu \doteq \{x \in B_r(0) \,|\, V(x) \leqslant \nu\}$. 由上面的证明得到集合 K_ν 是不变的, 且

$$B_\delta(0) \subseteq K_\nu \subseteq B_r(0) \tag{2.4.16}$$

由于 V 在零点连续, 存在满足 $\sigma < \delta$ 的正常数 σ, 使得 $B_\sigma(0) \subset K_\nu$. 注意到 $V(z(t; x))$ 单降至 ν, 因此对任意 $t \geqslant 0$,

$$z(t; x) \notin B_\sigma(0) \tag{2.4.17}$$

另一方面, 对任意的 $x \in B_\sigma(0)$, 由式 (2.4.16) 及 K_ν 的不变性得到系统 (2.4.1) 的轨迹满足

$$\|z(t; x)\| \leqslant r, \quad \forall \, t \geqslant 0 \tag{2.4.18}$$

由于函数 V_f 连续, 则它在紧集上存在最大值. 因此, 存在 $\rho < 0$, 使得

$$\max_{\sigma \leqslant \|x\| \leqslant r} V_f(x) \doteq \rho$$

结合式 (2.4.17)~ 式 (2.4.19) 得到, 当 $x \in B_\sigma(0)$ 时有

$$V(z(t;x)) = V(x) + \int_0^t V_f(z(s,x))ds \leqslant V(x) + \rho t, \quad \forall\, t \geqslant 0 \tag{2.4.19}$$

这与 $V(\cdot) > 0$ 矛盾. 因此,

$$\lim_{t \to \infty} V(z(t;x)) = 0 \tag{2.4.20}$$

最后, 考虑 $\xi \in \omega(x)$. 则存在 $\{t_k\}_{k=1}^{\infty}$ 满足 $\lim\limits_{k \to \infty} t_k = \infty$, 使得 $\lim\limits_{k \to \infty} z(t_k, x) = \xi$. 再结合式 (2.4.20) 得到

$$\lim_{k \to 0} V(z(t_k, x)) = V(\xi) = 0$$

从上式以及 V 的正定性, 我们得到 $\xi = 0$. □

定义 2.4.2 满足式 (2.4.9) 和式 (2.4.10) 的连续可微函数 $V : D \to \mathbf{R}$ 称为系统 (2.4.1) 的李雅普诺夫函数. 若 V 满足式 (2.4.9) 和式 (2.4.11), 则称其为系统 (2.4.1) 的严格李雅普诺夫函数.

定理 2.4.2 常被称为李雅普诺夫定理. 此外, 注意到当 f 在 $\mathbf{R}^n$ 上连续可微时, 可将其在平衡点 $x_e = 0$ 附近写为

$$f(z) = Az + g(z) \tag{2.4.21}$$

其中, A 是 f 在 $z_e = 0$ 点的雅可比矩阵, 即

$$A = \left.\frac{\partial f}{\partial z}\right|_{z=0} = \begin{bmatrix} \dfrac{\partial f_1}{\partial z_1} & \cdots & \dfrac{\partial f_1}{\partial z_n} \\ \vdots & \ddots & \vdots \\ \dfrac{\partial f_n}{\partial z_1} & \cdots & \dfrac{\partial f_n}{\partial z_n} \end{bmatrix}_{z=0}$$

函数 g 满足

$$g : \mathbf{R}^n \to \mathbf{R}^n \text{ 是连续可微的, 且满足 } \frac{\partial g}{\partial z}(0) = 0 \tag{2.4.22}$$

结合李雅普诺夫定理以及 f 在平衡点处的线性化, 我们可以得到以下结论:

定理 2.4.3 设映射 $f : \mathbf{R}^n \to \mathbf{R}^n$ 是连续可微的, 且满足 $f(0) = 0$, A 是 f 在零点的雅可比矩阵. 若 $\omega_s(A) < 0$, 则系统 (2.4.1) 的平衡点 $z_e = 0$ 是渐进稳定的.

证明 由于矩阵 A 稳定, 从定理 2.3.1 可知, 存在唯一的正定矩阵 P 满足以下的李雅普诺夫方程

$$A^\top P + PA + I = 0 \tag{2.4.23}$$

且

$$P = \int_0^\infty e^{A^\top t} e^{At} dt$$

设 δ 是正常数, 定义函数 $V : B_\delta(0) \to \mathbf{R}$ 为 $V(x) = x^\top P x$. 下面证明 V 是在 $x = 0$ 的某个邻域中是严格李雅普诺夫函数. 首先, V 显然满足式 (2.4.9). 此外, 从式 (2.4.21) 和式 (2.4.23) 可知

$$V_f(x) = (Ax + g(x))^\top P x + x^\top P(Ax + g(x)) = -x^\top x + 2g(x)^\top P x \qquad (2.4.24)$$

由于 $\dfrac{\partial g}{\partial x}(\cdot)$ 连续且 $\dfrac{\partial g}{\partial x}(0) = 0$, 则存在常数 $\delta > 0$, 当 $x \in B_\delta(0)$, 有 $\|g(x)\| \leqslant \dfrac{1}{4\|P\|}\|x\|$. 将该估计代入式 (2.4.24) 得到

$$V_f(x) \leqslant -\frac{1}{2}\|x\|^2, \quad \forall x \in B_\delta(0)$$

因此, 从定理 2.4.2 得到 z_e 是渐进稳定的.   □

事实上, 在定理 2.4.3 的条件下, 若 $\omega_s(A) > 0$, 即矩阵 A 至少存在一个实部为正的特征值, 则平衡点 $z_e = 0$ 非稳定. 这个结论的证明留给读者.

例 2.4.3 考虑离心调速器系统 (例 2.4.1). 由式 (2.4.5) 所定义的映射 f 在平衡点 z_e 的雅可比矩阵为

$$A = \begin{bmatrix} 0 & -a_1 \sin z_{e2} & 0 \\ 0 & 0 & 1 \\ \dfrac{2a_4 \sin z_{e2}}{z_{e1}} & -\dfrac{a_4 \sin^2 z_{e2}}{\cos z_{e2}} & -a_5 \end{bmatrix}$$

应用定理 2.4.3 和推论 2.2.5 可知, 当系数满足

$$a_5\sqrt{a_1 a_4} > 2\sqrt{a_2^3 a_3}$$

时系统的平衡点是渐进稳定的; 否则, 是不稳定的.

例 2.4.4 考虑系统

$$\frac{d}{dt}z = Az + g(z)$$

其中

$$z = \begin{bmatrix} z_1 \\ z_2 \\ z_3 \end{bmatrix}, \quad g(z) = \begin{bmatrix} z_1^2 + z_2^2 + z_3^2 \\ z_1 z_2 + z_2 z_3 + z_1 z_3 \\ z_1 z_2 z_3 \end{bmatrix}$$

A 是一个稳定的矩阵. 注意到

$$\frac{\partial g}{\partial z}\bigg|_{z=0} = 0$$

由定理 2.4.3 可知该系统的平衡点 $z_e = 0$ 是渐进稳定的.

例 2.4.5 设 a 是给定的常数, 考虑系统

$$\frac{d}{dt}z = -a^2 z + z^3, \quad z \in \mathbf{R}$$

显然, 该系统的平衡点包括 $z_e = 0$, $\pm a$. 由定理 2.4.3 可知该系统的平衡点 $z_e = 0$ 是渐进稳定的. 此外, 容易验证另外两个平衡点 $\pm a$ 是不稳定的.

例 2.4.6 考虑系统

$$\begin{cases} \dfrac{d}{dt}z_1 = z_2 \\ \dfrac{d}{dt}z_2 = -z_1^3 \end{cases}$$

显然 $z_e = (0, 0)$ 是该系统的平衡点, 且相应的雅可比矩阵为

$$A = \begin{bmatrix} 0 & 1 \\ 0 & 0 \end{bmatrix}$$

无法由定理 2.4.3 判定其渐进稳定性. 我们可以引入函数

$$V(z_1, z_2) = \frac{1}{4}z_1^4 + \frac{1}{2}z_2^2$$

显然 V 是正定的. 此外,

$$\frac{d}{dt}V(z_1(t), z_2(t)) = z_1^3 \frac{d}{dt}z_1 + z_2 \frac{d}{dt}z_2 = z_1^3 \frac{d}{dt}z_2 - z_2 \frac{d}{dt}z_1^3 = 0$$

因此, $V(\cdot)$ 是李雅普诺夫函数, 应用定理 2.4.2 可知, 平衡点 z_e 是李雅普诺夫稳定的.

线性系统的李雅普诺夫函数的构造是简单的. 事实上, 考虑自由的有限维线性系统 (2.1.1). 若 A 稳定, 设 W 是正定矩阵, 则方程 (2.3.3) 有唯一的解 P, 且 P 也是正定的矩阵. 则可定义

$$V(x) = \langle Px, x \rangle, \quad \forall\, x \in \mathbf{R}^n$$

容易验证 $V(\cdot)$ 是该系统的李雅普诺夫函数. 此外, 从定理 2.1.4 可知, 若系统 (2.1.1) 的状态稳定, 则一定呈指数衰减. 以下结论讨论了稳定的非线性系统的衰减率性质.

定理 2.4.4 设系统 (2.4.1) 满足定理 2.4.3 的条件, 且雅可比矩阵 A 是稳定的. 则存在正常数 M 和 ω, 使得对任意的 $z_0 \in \mathbf{R}^n$, 有 $\|z(t)\| \leqslant M e^{-\omega t} \|z_0\|$.

在证明定理之前, 我们先引入两个有用的引理.

引理 2.4.5 (格朗沃尔不等式) 设 $0 \leqslant T \leqslant \infty$, $a \in \mathbf{R}$, $w(\cdot)$, $v(\cdot)$, $\phi(\cdot)$ 是 $[0, T]$ 上的连续函数, $v(\cdot)$ 非负. 若

$$w(t) \leqslant a + \int_0^t \big[v(s)w(s) + \phi(s) \big] ds, \quad \forall\, t \in [0, T]$$

则对任意的 $t \in [0, T]$,

$$w(t) \leqslant a e^{\int_0^t v(s)ds} + \int_0^t e^{\int_s^t v(\tau)d\tau} \phi(s) ds$$

从格朗沃尔不等式容易得到如下推论.

引理 2.4.6 设 $w(\cdot)$ 是 $[t_0, t_1]$ 上的一阶连续可微函数. 若存在常数 β 使得

$$\frac{d}{dt} w(t) \leqslant \beta w(t), \quad \forall\, t \in [t_0, t_1]$$

则

$$w(t) \leqslant e^{\beta(t - t_0)} w(0), \quad \forall t \in [t_0, t_1]$$

定理 2.4.4 的证明. 由于函数 f 可写为式 (2.4.21) 的形式, 其中 g 满足式 (2.4.22), 考虑系统

$$\frac{d}{dt} z(t) = A z(t) + g(z(t)), \quad z(0) = z_0 \in \mathbf{R}^n \tag{2.4.25}$$

由定理 2.1.3, 存在可逆矩阵 P, 使得 $\widetilde{A} = P^{-1}AP$ 为约当标准型. 设 $\omega_s(A)$ 是 A 的谱界, 显然,

$$|\langle \widetilde{A}z, z \rangle| \leqslant \omega_s(A) \|z\|^2, \quad \forall\, z \in \mathbf{R}^n \tag{2.4.26}$$

令 $\widetilde{z} = Pz$. 则 $\widetilde{z}$ 满足

$$\frac{d}{dt} \widetilde{z}(t) = \widetilde{A}\, \widetilde{z}(t) + P\, g(P^{-1}\widetilde{z}), \quad \widetilde{z}(0) = Pz(0)$$

定义函数 $w(t) = \|\widetilde{z}(t)\|^2$. 则从式 (2.4.26) 可知

$$\frac{d}{dt} w(t) = 2Re \langle \widetilde{A}\widetilde{z}, \widetilde{z} \rangle + 2Re \langle P\, g(P^{-1}\widetilde{z}), \widetilde{z} \rangle$$

$$\leqslant 2\omega_s(A) \|\widetilde{z}\|^2 + 2\|P\, g(P^{-1}\widetilde{z})\| \, \|\widetilde{z}\|$$

由于函数 g 满足式 (2.4.22)，则对任意的 $0 < \varepsilon < -\frac{1}{2}\omega_s(A)$, 存在 $\delta > 0$, 使得当 $\|\widetilde{z}\| \leqslant \delta$ 时，

$$\|g(P^{-1}\widetilde{z})\| \leqslant \varepsilon\|\widetilde{z}\|, \quad \forall\, t \geqslant 0$$

结合上两式得到

$$\frac{d}{dt}w(t) \leqslant 2(\omega_s(A) + \varepsilon)w(t) \leqslant \omega_s(A)w(t) \tag{2.4.27}$$

由于 A 稳定，$\omega_s(A) < 0$. 应用引理 2.4.6，我们得到定理的结论. □

第 3 章　线性系统的能控性

能控性描述输入对系统状态的控制能力，是控制理论中的基础概念之一. 本章主要讨论有限维线性系统的能控性，通过引入能控子空间、能控矩阵、卡尔曼分解、格莱姆矩阵等概念，介绍分析能控性的经典思想与方法.

3.1　能　控　性

3.1.1　能控性的定义

控制系统的目的是为了使其行为达到既定目标. 系统的能控性问题主要讨论是否存在输入，使得系统从初始状态转移到给定的终止状态. 由于能控性与输出无关，我们在分析时一般假设输出为零，即讨论以下有限维时不变线性系统:

$$\begin{cases} \dfrac{d}{dt}z(t) = Az(t) + Bu(t), \quad \forall\, 0 < t \leqslant T \\[2mm] z(0) = z_0 \in \mathbf{R}^n \end{cases} \tag{3.1.1}$$

如前所述，$A \in \mathbf{R}^{n \times n}, B \in \mathbf{R}^{n \times m}$ 分别是状态矩阵和控制矩阵. $z(\cdot) \in L^2([0,T];\, \mathbf{R}^n)$, $u(\cdot) \in L^2([0,T];\, \mathbf{R}^m)$ 分别是状态变量和输入（控制）变量.

定义 3.1.1　设 $z_0,\ z_1 \in \mathbf{R}^n$ 是任意给定的状态. 若存在时间 $T > 0$ 和控制 $u \in L^2([0,T];\mathbf{R}^m)$，使得系统 (3.1.1) 的解满足 $z(T) = z(T; 0, z_0, u) = z_1$，则称系统 $\Sigma(A, B)$ 在 $[0,\ T]$ 上是**能控的**.

在之后的分析中，我们将指出系统 (3.1.1) 的能控性与时间区间无关.

例 3.1.1　在系统 $\Sigma(A,\ B,\ -)$ 中，设

$$A = \begin{pmatrix} 1 & 0 \\ 0 & 1 \end{pmatrix}, \quad B = \begin{pmatrix} 1 \\ 0 \end{pmatrix}$$

则系统的微分方程模型为

$$\begin{cases} \dfrac{d}{dt}x_1 = x_1 + u \\[2mm] \dfrac{d}{dt}x_2 = x_2 \\[2mm] x_1(0) = x_1^0, \ x_2(0) = x_2^0 \end{cases} \tag{3.1.2}$$

显然地, $x_2 = x_2^0 e^t$. 控制 u 无法影响状态变量 (x_1, x_2) 中的第二个分量, 因此这个系统不是能控的.

例 3.1.2 考虑一个谐波振荡器模型

$$\frac{d^2}{dt^2}x + x = u \tag{3.1.3}$$

令 $x_1 = x$, $x_2 = \dfrac{d}{dt}x$, 以上系统可写为

$$\begin{cases} \dfrac{d}{dt}x_1 = x_2 \\[2mm] \dfrac{d}{dt}x_2 = -x_1 + u \end{cases} \tag{3.1.4}$$

则相应的状态矩阵和控制矩阵是

$$A = \begin{pmatrix} 0 & 1 \\ -1 & 0 \end{pmatrix}, \quad B = \begin{pmatrix} 0 \\ 1 \end{pmatrix}$$

这个系统也仅有一个方程有控制. 与例 3.1.1 不同的是, 这里的控制器可通过状态变量的第二个分量间接地作用于第一个分量. 具体地, 若 (a_1, a_2), (b_1, b_2) 分别是给定的初始状态和终止状态, 设函数 $v(t)$ 满足

$$v(0) = a_1, \quad v(T) = b_1, \quad \frac{d}{dt}v(0) = a_2, \quad \frac{d}{dt}v(T) = b_2$$

并定义控制函数为 $u(t) = \dfrac{d^2}{dt^2}v(t) + v(t)$. 显然, 在该控制的作用下, 系统 (3.1.4) 从初始状态 (a_1, a_2) 出发, 在时刻 T 抵达终值 (b_1, b_2). 因此, 系统 (3.1.3) 是能控的.

在系统 (3.1.1) 中, 当初值 $z_0 \in \mathbf{R}^n$ 和控制 $u \in L^2([0, T]; \mathbf{R}^m)$ 给定时, 方程有唯一解:

$$z(t; 0, z_0, u) = e^{At}z_0 + \Phi_t u \tag{3.1.5}$$

其中能控映射 $\Phi_t : L^2([0,t]; \mathbf{R}^m) \to \mathbf{R}^n$ 定义为

$$\Phi_t u(\cdot) \doteq \int_0^t e^{A(t-s)} Bu(s)ds \tag{3.1.6}$$

设 $P \in \mathbf{R}^{n \times n}$ 是可逆矩阵, 令 $w = Pz$, 代入式 (3.1.1) 得到 w 满足以下系统:

$$\begin{cases} \dfrac{d}{dt}w(t) = PAP^{-1}w(t) + PBu(t) \\[2mm] w(0) = Pz_0 \in \mathbf{R}^n \end{cases} \tag{3.1.7}$$

我们称系统 $\Sigma(A, B, C)$ 与 $\Sigma(PAP^{-1}, PB, CP^{-1})$ 为 **等价的系统**. 容易验证, 等价的系统有相同的能控性质, 此外, 它们还有相同的传递函数与输入输出映射.

3.1.2　能控矩阵、能控子空间

从式 (3.1.5) 可知, 系统 (3.1.1) 能控当且仅当对任意的 $z_0, z_1 \in \mathbf{R}^n$, 存在时间 $T > 0$ 和控制 $u(\cdot) \in L^2([0,T]; \mathbf{R}^m)$, 使得 $z_1 - e^{At}z_0 = \Phi_T u$. 因此, 控制系统的能控性等价于映射 Φ_T 是满射, 即 $Ran(\Phi_T) = \mathbf{R}^n$. 我们称 $\mathcal{X}_c \doteq Ran(\Phi_T)$ 为 $\Sigma(A, B, -)$ 的**能控子空间**. 更进一步地, 注意到 Φ_t 是从希尔伯特空间 $L^2([0,t]; \mathbf{R}^m)$ 到 $\mathbf{R}^n$ 上的有界线性算子, 且有

$$\langle \Phi_t u(\cdot),\ z \rangle = \left\langle \int_0^t e^{A(t-s)} Bu(s)ds,\ z \right\rangle$$
$$= \int_0^t \langle u(s),\ B^\top e^{A^\top(t-s)} z \rangle ds$$

因此, Φ_t 的对偶算子 $\Phi_t^* : \mathbf{R}^n \to L^2([0,t]; \mathbf{R}^m)$ 为

$$(\Phi_t^* z)(s) = B^\top e^{A^\top(t-s)} z, \quad \forall\, s \in [0,t] \tag{3.1.8}$$

我们定义系统 $\Sigma(A,\ B,\ -)$ 的**能控矩阵**为

$$W_{A,B} \doteq \begin{bmatrix} B & AB & \cdots & A^{n-1}B \end{bmatrix}$$

我们将分析能控子空间与能控矩阵之间的关系, 以下两个引理是有用的.

引理 3.1.1　设 X 是希尔伯特空间, $\mathcal{T} : X \to X$ 是有界线性算子. 则

$$(Ker\,\mathcal{T})^\perp = \overline{Ran(\mathcal{T}^*)}, \quad Ker\,\mathcal{T} = (Ran(\mathcal{T}^*))^\perp$$

$$(Ker\,\mathcal{T}^*)^\perp = \overline{Ran(\mathcal{T})}, \quad Ker\,\mathcal{T}^* = (Ran(\mathcal{T}))^\perp$$

此外，由引理 1.3.1，容易得到以下推论.

推论 3.1.2 设矩阵 $A \in \mathbf{R}^{n \times n}$. 则

(i) 对任意自然数 $p \geqslant n$, 有 $A^p = \sum_{k=0}^{n-1} \alpha_k A^k$.

(ii) *存在一列函数 $\alpha_1(t), \cdots, \alpha_{n-1}(t)$, 使得 $e^{At} = \sum_{k=0}^{n-1} \alpha_k(t) A^k$.*

有了以上的准备，我们可以证明以下结论.

引理 3.1.3 设系统 $\Sigma(A, B, -)$ 的能控子空间和能控矩阵分别为 $\mathcal{X}_c$ 和 $W_{A,B}$. 则

(i) $\mathcal{X}_c = Ran(W_{A,B})$.

(ii) $\mathcal{X}_c$ 是 A 的不变子空间.

(iii) $Ran(B) \subset \mathcal{X}_c$.

证明 首先，由映射 Φ_t 的定义可知，对任意的 $\phi \in \mathbf{R}^n$, $u \in L^2([0,T]; \mathbf{R}^m)$,

$$\langle \Phi_T u, \phi \rangle = \int_0^T \langle u(s), B^\top (e^{A(T-s)})^\top \phi \rangle ds \tag{3.1.9}$$

另一方面，对任意向量 $w_0, \cdots, w_{n-1} \in \mathbf{R}^m$ 和 $\phi \in \mathbf{R}^n$, 有

$$W_{A,B} \begin{bmatrix} w_0 \\ \vdots \\ w_{n-1} \end{bmatrix} = \sum_{j=0}^{n-1} A^j B w_j \tag{3.1.10}$$

因此，

$$\left\langle W_{A,B} \begin{bmatrix} w_0 \\ \vdots \\ w_{n-1} \end{bmatrix}, \phi \right\rangle \tag{3.1.11}$$

$$= \langle w_0, B^\top \phi \rangle + \cdots + \langle w_{n-1}, B^\top (A^\top)^{n-1} \phi \rangle$$

显然，若能证 $(Ran(\Phi_T))^\perp = (Ran(W_{A,B}))^\perp$, 则 (i) 得证. 设 $\phi \in (Ran(W_{A,B}))^\perp$, 从式 (3.1.11) 及 $w_0, \cdots, w_{n-1} \in \mathbf{R}^m$ 的任意性可得

$$B^\top \phi, \quad B^\top A^\top \phi, \quad \cdots, \quad B^\top (A^\top)^{n-1} \phi = 0 \tag{3.1.12}$$

结合式 (3.1.12) 和推论 3.1.2，得

$$B^\top e^{A^\top t}\phi = 0, \quad \forall\, \phi \in (Ran\,(W_{A,B}))^\perp \tag{3.1.13}$$

将式 (3.1.13) 代入式 (3.1.9)，

$$\langle \Phi_T u,\, \phi \rangle = 0, \quad \forall\, u \in L^2([0,T];\mathbf{R}^m)$$

因此，$\phi \in (Ran\,(\Phi_T))^\perp$. 从而证明了 $(Ran\,(W_{A,B}))^\perp \subset (Ran\,(\Phi_T))^\perp$.

反之，若 $\phi \in (Ran\,(\Phi_T))^\perp$，则对任意的 $u \in L^2([0,T];\mathbf{R}^m)$ 有 $\langle \Phi_T u,\, \phi \rangle = 0$. 结合式 (3.1.9) 可得

$$B^\top e^{A^\top t}\phi = 0, \quad \forall\, t \in [0,T]$$

将矩阵指数的定义代入上式得到

$$\sum_{p=0}^{\infty} B^\top (A^\top)^p \phi\, \frac{t^p}{p!} = 0, \quad \forall\, t \in [0,T] \tag{3.1.14}$$

设 $k = 0,1,2,\cdots$，上式关于 t 分别作 k 次微分，再令 $t = 0$，得到

$$B^\top (A^\top)^k \phi = 0, \quad k = 0,1,2,\cdots \tag{3.1.15}$$

因此，从式 (3.1.11) 和式 (3.1.15) 得到 $\phi \in (Ran\,(W_{A,B}))^\perp$.

最后，从 (i)，式 (3.1.10) 以及引理 1.3.1 可知，(ii) 和 (iii) 是显然的. □

推论 3.1.4 设系统 $\Sigma(A,\, B,\, -)$ 的能控子空间为 $\mathcal{X}_c$. 若子空间 $E \subset \mathbf{R}^n$ 满足

$$AE \subset E, \quad Ran\,(B) \subset E \tag{3.1.16}$$

则 $\mathcal{X}_c \subseteq E$.

证明 假设存在向量 $w \in \mathbf{R}^n$ 满足 $w \in \mathcal{X}_c$，$w \notin E$. 则由引理 3.1.3 和式 (3.1.10) 可知，存在 $w_0,\cdots,w_{n-1} \in \mathbf{R}^m$ 使得

$$w = \sum_{j=0}^{n-1} A^j B w_j \tag{3.1.17}$$

结合式 (3.1.16) 和式 (3.1.17) 得到 $w \in E$, 矛盾. □

从引理 3.1.3 可得，映射 Φ_T 的值域与时间 T 无关. 由于系统在时间区间 $[0,T]$ 能控等价于 $Ran\,(\Phi_T) = \mathbf{R}^n$. 因此，系统的能控性与时间区间的选取无关. 此外，应用引理 3.1.3 容易得到以下结论，我们将其称为能控性的秩条件.

定理 3.1.5 设 $A \in \mathbf{R}^{n \times n}$, $B \in \mathbf{R}^{m \times n}$. 系统 $\Sigma(A, B, -)$ 的能控子空间和能控矩阵分别为 $\mathcal{X}_c$ 和 $W_{A,B}$. 则以下命题等价:

(i) 系统 $\Sigma(A, B, -)$ 能控.

(ii) $rank\,(W_{A,B}) = n$.

(iii) $Ran\,(\Phi_T) = \mathbf{R}^n$.

3.1.3 单输入系统的能控

考虑由 n 阶常微分方程描述的单输入线性控制系统

$$\begin{cases} \dfrac{d^n}{dt^n}x(t) + a_1 \dfrac{d^{n-1}}{dt^{n-1}}x(t) + \cdots + a_{n-1}\dfrac{d}{dt}x(t) + a_n x(t) = u(t) \\ x(0) = x_{01}, \quad \dfrac{d}{dt}x(0) = x_{02}, \quad \cdots, \quad \dfrac{d^{n-1}}{dt^{n-1}}(0) = x_{0n} \end{cases} \tag{3.1.18}$$

其中, 系数 $a_1, \cdots, a_n \in \mathbf{R}$ 是常数, $x_{01}, \cdots, x_{0n}$ 是初始条件. 定义

$$z(t) = \left(x(t), \quad \frac{d}{dt}x(t), \quad \cdots, \quad \frac{d^{n-1}}{dt^{n-1}}x(t)\right)^{\top}$$

则式 (3.1.18) 可写为

$$\frac{d}{dt}z(t) = \mathcal{A}z(t) + \mathcal{B}u(t), \quad z(0) = (x_{01}, \quad \cdots, \quad x_{0n})^{\top} \tag{3.1.19}$$

其中

$$\mathcal{A} = \begin{bmatrix} 0 & 1 & 0 & \cdots & 0 & 0 \\ 0 & 0 & 1 & \cdots & 0 & 0 \\ \vdots & \vdots & \vdots & \ddots & \vdots & \vdots \\ 0 & 0 & 0 & \cdots & 0 & 1 \\ -a_n & -a_{n-1} & -a_{n-2} & \cdots & -a_2 & -a_1 \end{bmatrix}, \quad \mathcal{B} = \begin{bmatrix} 0 \\ \vdots \\ 0 \\ 1 \end{bmatrix} \tag{3.1.20}$$

注意到

$$[\mathcal{B} \quad \mathcal{A}\mathcal{B} \quad \cdots \mathcal{A}^{n-1}\mathcal{B}] = \begin{bmatrix} 0 & 0 & 0 & \cdots & 0 & 1 \\ 0 & 0 & 0 & \cdots & 1 & -a_1 \\ \vdots & \vdots & \vdots & & \vdots & \vdots \\ 0 & 0 & 1 & \cdots & * & * \\ 0 & 1 & -a_1 & \cdots & * & * \\ 1 & -a_1 & * & \cdots & * & * \end{bmatrix}$$

是可逆矩阵. 因此, 单输入系统 (3.1.18) 是能控的系统. 进一步地, 我们还有如下结论.

定理 3.1.6　设 $A \in \mathbf{R}^{n \times n}$, $b \in \mathbf{R}^{1 \times n}$. 单输入系统 $\Sigma(A, b, -)$ 与形如式 (3.1.18) 的系统等价的充要条件是 $rank\, W_{A,b} = n$.

证明　首先, 若系统 $\Sigma(A, b, -)$ 与 $\Sigma(\mathcal{A}, \mathcal{B}, -)$ 等价, 则存在可逆矩阵 P, 使得 $\mathcal{A} = PAP^{-1}$, $\mathcal{B} = PB$. 因此,

$$rank\, W_{A,b} = rank\, W_{\mathcal{A},\mathcal{B}} = n$$

反之, 若 $rank\, W_{A,b} = n$, 则如下向量序列是线性无关的:

$$\begin{cases} e_1 = A^{n-1}b + a_1 A^{n-2}b + a_2 A^{n-3}b + \cdots + a_{n-1}b \\ e_2 = A^{n-2}b + a_1 A^{n-3}b + \cdots + a_{n-2}b \\ \vdots \\ e_{n-1} = Ab + a_1 b \\ e_n = b \end{cases}$$

由于矩阵 $\mathcal{A}$ 的特征多项式为

$$p(\lambda) = \lambda^n + a_1 \lambda^{n-1} + \cdots + a_{n-1}\lambda + a_n$$

应用引理 1.3.1 得到

$$Ae_1 = A^n b + a_1 A^{n-1}b + a_2 A^{n-2}b + \cdots + a_{n-1}Ab = -a_n b$$

$$Ae_2 = A^{n-1}b + a_1 A^{n-2}b + \cdots + a_{n-2}Ab = e_1 - a_{n-1}e_n$$

$$\vdots$$

$$Ae_{n-1} = e_{n-2} - a_2 e_n$$

$$Ae_n = e_{n-1} - a_1 e_n$$

即

$$[Ae_1 \quad Ae_2 \quad \cdots \quad Ae_n] = [e_1 \quad e_2 \quad \cdots \quad e_n]\mathcal{A} \tag{3.1.21}$$

令

$$P^{-1} = [e_1 \quad e_2 \quad \cdots \quad e_n] \tag{3.1.22}$$

从而有 $\mathcal{A} = PAP^{-1}$. 此外,

$$P^{-1}\mathcal{B} = [e_1 \quad e_2 \quad \cdots \quad e_n]\begin{bmatrix} 0 \\ \vdots \\ 0 \\ 1 \end{bmatrix} = e_n = b \qquad (3.1.23)$$

因此,$\Sigma(A, b)$ 与 $\Sigma(\mathcal{A}, \mathcal{B})$ 等价. $\qquad\qquad\qquad\qquad\qquad\qquad\qquad\square$

从定理 3.1.5 可判定系统 $\Sigma(A, B)$ 的能控性. 进一步地,如何设计控制法则呢?下面我们给出一个构造控制的方法. 由于 $W_{A,B} = n$, 则存在矩阵 $\Psi_1, \cdots, \Psi_n \in \mathbf{R}^{m \times n}$ 使得

$$W_{A,B}\Psi \doteq W_{A,B}\begin{bmatrix} \Psi_1 \\ \vdots \\ \Psi_n \end{bmatrix} = I$$

即

$$B\Psi_1 + AB\Psi_2 + \cdots + A^{n-1}B\Psi_n = I \qquad (3.1.24)$$

定理 3.1.7 设系统 $\Sigma(A, B)$ 能控,矩阵 $\Psi_1, \cdots, \Psi_n$ 满足式 (3.1.24). 对任意的时间 $T > 0$ 和状态 z_0, z_1, 定义控制函数

$$\widetilde{u}(t) = \Psi_1\psi(t) + \Psi_2\frac{d\psi}{dt}(t) + \cdots + \Psi_n\frac{d^{n-1}\psi}{ds^{n-1}}(t), \quad \forall\, t \in [0, T]$$

其中

$$\psi(t) = e^{A(t-T)}\big(z_1 - e^{AT}z_0\big)\phi(t)$$

实值函数 $\phi \in C^{n-1}([0,\ T])$ 满足

$$\frac{d^j\phi}{ds^j}(0) = \frac{d^j\phi}{ds^j}(T) = 0, \quad j = 0, 1, \cdots, n-1 \ \text{和} \ \int_0^T \phi(s)ds = 1$$

则系统的状态满足

$$z(T; 0, z_0, \widetilde{u}) = z_1$$

证明 对任意的 $j = 0, 1, \cdots, n-1$, 分部积分可得

$$\int_0^T e^{A(T-t)}B\Psi_j\frac{d^{j-1}\psi}{ds^{j-1}}(t)dt = \int_0^T e^{A(T-t)}A^{j-1}B\Psi_j\psi(t)dt$$

从而有

$$\int_0^T e^{A(T-t)}B\tilde{u}(t)ds = \int_0^T e^{A(T-t)}W_{A,B}\Psi\psi(t)dt$$

$$= \int_0^T e^{A(T-t)}\psi(t)dt$$

因此, 结合函数 ψ, ϕ 的定义得到

$$z(T) = e^{AT}z_0 + \int_0^T e^{A(T-t)}B\tilde{u}(t)dt = z_1$$

□

除了定义 3.1.1 所给出的能控性之外, 还有其他一些能控性的定义. 对于任意初值 $z_0 \in \mathbf{R}^n$, 若存在时间 $T > 0$ 和控制 $u \in L^2([0,T];\mathbf{R}^m)$ 使得系统的状态满足 $z(T; 0, z_0, u) = 0$, 则称该系统在 T 时刻是**零能控**的. 对于有限维线性时不变系统, 能控与零能控是等价的. 事实上, 设 $z(\cdot)$ 是系统 (3.1.1) 的状态, 对任意状态 $z_1 \in \mathbf{R}^n$, 引入一个自由系统:

$$\begin{cases} \dfrac{d}{dt}\xi(t) = A\xi(t), & \forall\, t \in [0,T] \\ \xi(T) = z_1 \end{cases} \tag{3.1.25}$$

以及变量 $w(t) = z(t) - \xi(t)$, 则 $w(t)$ 满足

$$\begin{cases} \dfrac{d}{dt}w(t) = Aw(t) + Bu(t), & \forall\, t \in [0,T] \\ w(0) = z_0 - \xi(0) \end{cases} \tag{3.1.26}$$

显然, $z(T; 0, z_0, u) = z_1$ 当且仅当 $w(T; 0, z_0 - \xi(0), u) = 0$. 因此, 系统 (3.1.1) 能控当且仅当系统 (3.1.26) 零能控. 但是对于非线性系统或无限维系统, 以上结论不一定成立.

例 3.1.3　设飞机沿直线飞行, 速度恒定为 c_3, α 是飞机飞行路径与水平方向的夹角, ϕ 是飞机机身与水平方向的夹角, ω 是振动频率, c_1, c_2 是正常数, 控制器 u 是施加在机尾上的外力. 则飞机飞行的线性化模型为

$$\begin{cases} \dfrac{d}{dt}\alpha = c_1(\phi - \alpha) \\ \dfrac{d^2}{dt^2}\phi = -\omega^2(\phi - \alpha - c_2 u) \\ \dfrac{d}{dt}h = c_3\alpha \end{cases}$$

应用定理 3.1.5 可知, 这个四阶线性系统可以由一维控制变量达到能控.

3.2 能控性的 PBH 定理

3.2.1 卡尔曼分解

从上一节的分析知道, 若系统 $\Sigma(A, B, -)$ 不能控, 其能控矩阵和能控子空间满足 $rank\, W_{A,B} = dim\, \mathcal{X}_c = l < n$. 通过对状态空间的分解, 我们可以得到以下结论.

定理 3.2.1 设 $A \in \mathbf{R}^{n \times n}$, $B \in \mathbf{R}^{m \times n}$. 系统 $\Sigma(A, B, -)$ 的能控矩阵满足 $rank\, W_{A,B} = l < n$. 则存在 n 阶可逆矩阵 P, 使得

$$PAP^{-1} = \begin{bmatrix} A_{11} & A_{12} \\ 0 & A_{22} \end{bmatrix}, \quad PB = \begin{bmatrix} B_1 \\ 0 \end{bmatrix} \tag{3.2.1}$$

$\Sigma(A_{11}, B_1)$ 能控, 其中 A_{11} 是 l 阶方阵, B_1 是 $l \times m$ 阶矩阵.

证明 设 $\{e_1, \cdots, e_l\}$ 是能控子空间 $\mathcal{X}_c$ 的一组基, 将其扩充为 $\mathbf{R}^n$ 的基 $\{e_1, \cdots, e_l, e_{l+1}, \cdots, e_n\}$. 令这组基和 $\mathbf{R}^n$ 的自然基 $\{\varepsilon_1, \varepsilon_2, \cdots, \varepsilon_n\}$ 之间的变换矩阵为 P. 定义 $\widetilde{A} = PAP^{-1}$, $\widetilde{B} = PB$. 从而得到与 $\Sigma(A, B, -)$ 等价的系统 $\Sigma(\widetilde{A}, \widetilde{B}, -)$. 分别对 $\widetilde{A}$, $\widetilde{B}$ 进行分块:

$$\widetilde{A} = \begin{bmatrix} A_{11} & A_{12} \\ A_{21} & A_{22} \end{bmatrix}, \quad A_{11} \text{ 是 } l \text{ 阶方阵}$$

$$\widetilde{B} = \begin{bmatrix} B_1 \\ B_2 \end{bmatrix}, \quad B_1 \text{ 是 } l \times m \text{ 阶矩阵}$$

对任意向量 $\xi \in \mathbf{R}^n$, 将其分解

$$\xi = \begin{bmatrix} \xi_1 \\ \xi_2 \end{bmatrix}, \quad \xi_1 \in \mathcal{X}_c$$

若 $\xi_2 = 0$, 则

$$\widetilde{A} \begin{bmatrix} \xi_1 \\ 0 \end{bmatrix} = \begin{bmatrix} A_{11}\xi_1 \\ A_{21}\xi_1 \end{bmatrix}$$

从引理 3.1.3 可得 $\mathcal{X}_c$ 是 $\widetilde{A}$ 不变的. 因此从上式可知 $A_{21} = 0$. 同理, 由 $Ran\,(\widetilde{B}) \subset \mathcal{X}_c$ 得到 $B_2 = 0$. 因此, $\Sigma(\widetilde{A},\ \widetilde{B},\ -)$ 的能控矩阵为

$$W_{\widetilde{A},\widetilde{B}} = \begin{bmatrix} B_1 & A_{11}B_1 & \cdots & A_{11}^{n-1}B_1 \\ 0 & 0 & \cdots & 0 \end{bmatrix}$$

由于 $\Sigma(\widetilde{A},\ \widetilde{B}, -)$ 与 $\Sigma(A, B, -)$ 等价, 则 $rank\,W_{\widetilde{A},\widetilde{B}} = rank\,[P\,W_{A,B}] = rank\,W_{A,B} = l$. 因此, $\Sigma(A_{11}, B_1)$ 能控. 定理得证.   □

从以上定理可知, 若系统 $\Sigma(A,\ B,\ -)$ 非能控, 可将状态空间分解为能控的子空间和非能控的子空间两部分. 具体地, 若系统 $\Sigma(A,\ B,\ -)$ 非能控, 考虑如式 (3.2.1) 所定义的等价系统 $\Sigma(PAP^{-1},\ PB)$, 其状态方程为

$$\frac{d}{dt}\xi(t) = PAP^{-1}\xi(t) + PBu(t), \quad \xi(0) = \xi_0$$

进一步地, 令 $\xi(t) = [\xi_1(t)\ \ \xi_2(t)]^{\top}$, 其中 $\xi_1(t) \in \mathcal{X}_c$ 是 l 维向量. 则有

$$\begin{cases} \dfrac{d}{dt}\xi_1(t) = A_{11}\xi_1(t) + A_{12}\xi_2(t) + B_1u(t) \\ \dfrac{d}{dt}\xi_2(t) = A_{22}\xi_2(t) \end{cases}$$

由此可见, 控制变量只能影响状态变量中的前 l 个分量 $\xi_1(t)$, 而对其余分量 $\xi_2(t)$ 无能为力. 定理 3.2.1 又被称为卡尔曼分解定理.

3.2.2   能控性的 PBH 定理

从第二章的分析可知, 自由系统 (2.1.1) 的稳定性与状态矩阵 A 的特征值紧密相关. 一个自然的问题是: 控制系统 $\Sigma(A,\ B,\ -)$ 的能控性与状态矩阵 A 的特征值有怎样的联系? 我们首先讨论当状态矩阵是对角阵时, 单输入系统的能控性问题.

定理 3.2.2   设矩阵 $A = diag\,(\lambda_1,\ \lambda_2,\ \cdots,\ \lambda_n)$, $B = \begin{bmatrix} b_1 & b_2 & \cdots & b_n \end{bmatrix}^{\top}$. 则控制系统 $\Sigma(A,\ B,\ -)$ 能控当且仅当 $\lambda_1,\ \lambda_2,\ \cdots,\ \lambda_n$ 互异且 $b_i \neq 0$, $i = 1, \cdots, n$.

证明   系统 $\Sigma(A,\ B,\ -)$ 的能控矩阵为

$$W_{A,B} = \begin{bmatrix} b_1 & 0 & 0 & \cdots & 0 \\ 0 & b_2 & 0 & \cdots & 0 \\ \vdots & \vdots & \vdots & \vdots & \vdots \\ 0 & 0 & 0 & \cdots & b_n \end{bmatrix} \begin{bmatrix} 1 & \lambda_1 & \lambda_1^2 & \cdots & \lambda_1^{n-1} \\ 1 & \lambda_2 & \lambda_2^2 & \cdots & \lambda_2^{n-1} \\ \vdots & \vdots & \vdots & \vdots & \vdots \\ 1 & \lambda_n & \lambda_n^2 & \cdots & \lambda_n^{n-1} \end{bmatrix}$$

$W_{A,B}$ 等于一个对角阵与一个范德蒙矩阵相乘, 因此 $W_{A,B}$ 可逆当且仅当 $\lambda_1, \cdots,$ λ_n 互异且 $b_i \neq 0$, $i = 1, \cdots, n$. $\qquad\square$

因此, 单输入系统能控的充要条件是状态矩阵 A 的每个特征值都被控制. 对于一般的控制系统 $\Sigma(A, B, -)$, 其能控性等价于能控子空间 $\mathcal{X}_c = \mathbf{R}^n$, 即 $\mathcal{X}_c^\perp = \{0\}$. 由引理 3.1.3, $\mathcal{X}_c$ 是 A 不变的. 因此, 子空间 $\mathcal{X}_c^\perp$ 是 $A^\top$ 不变的[1]. 设复数 λ 和向量 ϕ 满足

$$\phi \neq 0, \quad \phi \in (\mathcal{X}_c)^\perp, \quad \phi^\top A = \lambda \phi^\top \tag{3.2.2}$$

则从 $Ran(B) \subset \mathcal{X}_c$ 得到

$$\frac{d}{dt}\langle z(t), \phi\rangle = \langle Az(t) + Bu(t), \phi\rangle = \lambda\langle z(t), \phi\rangle$$

以上方程的解为 $z(t) = e^{\lambda t}\langle z(0), \phi\rangle$, 无法被输入 u 控制. 因此, 状态变量 z 在 ϕ 方向的分支是不能控的. 综上所述, $\Sigma(A, B, -)$ 的能控性等价于满足式 (3.2.2) 的复数和向量不存在. 这是能控性的 PBH 判定定理的思想.

定理 3.2.3 设 $A \in \mathbf{R}^{n \times n}$, $B \in \mathbf{R}^{m \times n}$. 则以下命题等价

(i) 系统 $\Sigma(A, B, -)$ 能控;

(ii) 对任意的 $\lambda \in \sigma(A)$, 有 $rank[\lambda I - A \quad B] = n$;

(iii) 对任意的 $\lambda \in \mathbf{C}$, 有 $rank[\lambda I - A \quad B] = n$.

证明 首先证明命题 (i) 蕴含 (iii). 假设有复数 λ 使得 $rank[\lambda I - A \quad B] < n$. 则存在向量 ϕ 满足

$$\phi^\top[\lambda I - A \quad B] = 0, \quad 0 \neq \phi \in \mathbf{R}^n$$

因此,

$$\phi^\top B = 0, \quad \phi^\top AB = \lambda\phi^\top B = 0, \cdots, \quad \phi^\top A^{n-1}B = 0$$

则有 $\phi^\top W_{A,B} = 0$. 由定理 3.1.5 得系统 $\Sigma(A, B, -)$ 是非能控的.

显然命题 (ii) 与命题 (iii) 是等价的. 下面证明命题 (iii) 蕴含 (i). 假设 $\Sigma(A, B)$ 是不能控的系统, 则由定理 3.2.1, 存在可逆矩阵 P, 使得

$$PAP^{-1} = \begin{bmatrix} A_{11} & A_{12} \\ 0 & A_{22} \end{bmatrix}, \quad PB = \begin{bmatrix} B_1 \\ 0 \end{bmatrix}$$

---

[1] 若 $f \in \mathcal{X}_c$, $g \in (\mathcal{X}_c)^\perp$, 则 $0 = \langle Af, g\rangle = \langle f, A^\top g\rangle$, 因此 $A^\top g \in (\mathcal{X}_c)^\perp$.

由于 $rank\,[\lambda I - A \quad B] = n$. 因此,

$$rank\,[\lambda I - PAP^{-1} \quad PB] = n \tag{3.2.3}$$

假设 λ_{22} 是 A_{22} 的一个特征值, y_{22} 是一个非零行向量, 满足 $y_{22}(\lambda_{22}I - A_{22}) = 0$. 令 $y = [0 \quad y_{22}]$, 则

$$y\,[\lambda_{22}I - PAP^{-1} \quad PB] = [0 \quad y_{22}]\begin{bmatrix} \lambda_{22}I - A_{11} & -A_{12} & B_1 \\ 0 & \lambda_{22}I - A_{22} & 0 \end{bmatrix} = 0 \tag{3.2.4}$$

这与式 (3.2.3) 矛盾. 定理得证.   □

例 3.2.1   考虑以下两个线性系统

$$\frac{d}{dt}z(t) = \begin{bmatrix} a & 0 & 0 \\ 0 & a & 0 \\ 0 & 0 & a \end{bmatrix} z(t) + \begin{bmatrix} 1 \\ 1 \\ 1 \end{bmatrix} u(t) \tag{3.2.5}$$

$$\frac{d}{dt}z(t) = \begin{bmatrix} a_1 & 1 & 0 & 0 \\ 0 & a_1 & 0 & 0 \\ 0 & 0 & a_2 & 1 \\ 0 & 0 & 0 & a_2 \end{bmatrix} z(t) + \begin{bmatrix} 0 & 0 \\ 0 & 1 \\ 0 & 0 \\ 1 & 1 \end{bmatrix} u(t) \tag{3.2.6}$$

从定理 3.2.2 可知式 (3.2.5) 是不能控的系统. 应用定理 3.2.3, 系统 (3.2.6) 在 $a_1 \neq a_2$ 时是能控的.

从定理 3.2.3 容易得到下面的结论.

推论 3.2.4   设 $A \in \mathbf{R}^{n \times n}$, $B \in \mathbf{R}^{m \times n}$. 则系统 $\Sigma(A, B, -)$ 能控当且仅当

$$\phi^{\top}A = \lambda\phi^{\top}, \quad \phi^{\top}B = 0, \quad \lambda \in \mathbf{C}, \quad \phi \in \mathbf{R}^n \tag{3.2.7}$$

仅有零向量解 $\phi = 0$.

若复数 λ 和非零向量 ϕ 满足 (3.2.7), 则称 (λ, ϕ) 是系统 $\Sigma(A, B, -)$ 的**非能控特征对或非能控对**. $\Sigma(A, B, -)$ 能控当且仅当它没有非能控对.

推论 3.2.5   设 $A \in \mathbf{R}^{n \times n}$, $B \in \mathbf{R}^{m \times n}$, $C \in \mathbf{R}^{k \times n}$, $K \in \mathbf{R}^{m \times k}$. 则系统 $\Sigma(A, B, C)$ 能控当且仅当系统 $\Sigma(A + BKC, B, C)$ 能控.

证明 从定理 3.2.3 可知，系统 $\Sigma(A, B, C)$ 能控当且仅当对任意的 $\lambda \in \mathbf{C}$，有 $rank[\lambda I - A \quad B] = n$. 而 $[\lambda I - A \quad B]$ 与 $[\lambda I - A - BKC \quad B]$ 有相同的秩. 推论得证. $\qquad\square$

3.3 能控性、格莱姆矩阵和稳定性

3.3.1 能控性与格莱姆矩阵

若线性系统 $\Sigma(A, B, -)$ 能控，则对任意的状态 $z_0, z_1 \in \mathbf{R}^n$，存在控制 $u(\cdot)$ 使得 $\Phi_T u(\cdot) = z_1 - e^{AT}z_0$. 注意到能控映射 $\Phi_T : L^2([0,T]; \mathbf{R}^m) \to \mathbf{R}^n$ 是一个从无限维空间到有限维空间的映射. 因此，将系统的状态从 z_0 转移至状态 z_1 的控制不是唯一的. 如何选取最优的控制呢？首先需要定义最优的准则. 自然地，我们希望控制变量的能耗最小，即范数最小. 因此，能控最优问题是寻找控制 $\widehat{u}$ 使得

$$\|\widehat{u}(\cdot)\|^2_{L^2([0,T]\, \mathbf{R}^m)} = \inf \left\{ \|u(\cdot)\|^2_{L^2([0,T]\, \mathbf{R}^m)} \, \big| \, z_1 = e^{AT}z_0 + \Phi_T u(\cdot), \right.$$
$$\left. \forall z_0, z_1 \in \mathbf{R}^n \right\} \tag{CO}$$

系统 $\Sigma(A, B, -)$ 的能控格莱姆矩阵为

$$Q(t) \doteq \int_0^t e^{As} BB^\top e^{A^\top s} ds, \quad \forall t > 0 \tag{3.3.1}$$

显然矩阵 $Q(t)$ 非负定，且满足

$$\frac{d}{dt}Q(t) = AQ(t) + Q(t)A^\top + BB^\top, \quad \forall t > 0, \quad Q(0) = 0 \tag{3.3.2}$$

此外，由能控映射 Φ_t 的定义以及由式 (3.1.8) 计算出的 Φ_t^*，可以得到

$$\Phi_t \Phi_t^* = \int_0^t e^{A(t-s)} BB^\top e^{A^\top(t-s)} ds = Q(t) \tag{3.3.3}$$

定理 3.3.1 设 $A \in \mathbf{R}^{n \times n}$，$B \in \mathbf{R}^{m \times n}$. $Q(t)$ 是系统 $\Sigma(A, B, -)$ 的能控格莱姆矩阵. 则

(i) 系统 $\Sigma(A, B, -)$ 在 $[0,T]$ 上能控当且仅当 $Q(T)$ 可逆.

(ii) 若 $Q(T)$ 可逆，则能控最优问题 (CO) 的解存在，且对任意 $z_0, z_1 \in \mathbf{R}^n$，将系统从初始状态 z_0 经由 T 时长转移至 z_1 的最优控制为

$$\widehat{u}(t) = -B^\top e^{A^\top(T-t)} Q(T)^{-1} \left(e^{AT}z_0 - z_1 \right) \tag{3.3.4}$$

且

$$\|\widehat{u}(\cdot)\|_{L^2([0,T];\,\mathbf{R}^m)}^2 = \langle Q(T)^{-1}(e^{AT}z_0 - z_1),\ e^{AT}z_0 - z_1\rangle \tag{3.3.5}$$

证明　(i) 首先, 若 $Q(T)$ 可逆, 显然由式 (3.3.4) 所定义的控制满足 $z(T; 0, z_0,$ $\widehat{u}) = z_1$. 反之, 若系统 $\Sigma(A,\ B,\ -)$ 能控, 但矩阵 $Q(T)$ 不可逆, 则存在非零向量 $v \in \mathbf{R}^n$ 使得

$$Q(T)v = 0$$

从而有

$$0 = \left\langle \int_0^T e^{At}BB^\top e^{A^\top t}dt\, v,\ v \right\rangle = \int_0^T \left\| B^\top e^{A^\top t}v \right\|^2 dt$$

因此, 对任意的 $t \in [0, T]$,

$$B^\top e^{A^\top t}v = 0 \tag{3.3.6}$$

由于系统 $\Sigma(A,\ B,\ -)$ 能控, 则存在控制 $u(\cdot) \in L^2([0,T];\mathbf{R}^m)$, 将系统从零状态转移至状态 v, 即

$$\int_0^T e^{At}Bu(T-t)dt = v$$

因此,

$$\|v\|^2 = \int_0^T \langle u(T-s),\ B^\top e^{A^\top s}v\rangle ds \tag{3.3.7}$$

结合式 (3.3.6) 和式 (3.3.7) 得到 $\|v\|^2 = 0$. 矛盾. 则 $Q(T)$ 可逆.

(ii) 直接计算得到

$$\begin{aligned}
\int_0^T \|\widehat{u}\|^2 dt &= \int_0^T \big\langle B^\top e^{A^\top(T-t)}Q(T)^{-1}(e^{AT}x_0 - x_1), \\
&\qquad B^\top e^{A^\top(T-t)}Q(T)^{-1}(e^{AT}x_0 - x_1)\big\rangle dt \\
&= \langle Q(T)^{-1}(e^{AT}x_0 - x_1),\ (e^{AT}x_0 - x_1)\rangle
\end{aligned} \tag{3.3.8}$$

此外, 假设控制 $u(\cdot)$ 将系统 $\Sigma(A,\ B,\ -)$ 在 $[0,\ T]$ 时间区间内从初始状态 z_0 转移至 z_1, 即

$$z_1 = e^{AT}z_0 + \int_0^\top e^{A(T-t)}Bu(t)dt$$

结合上式与式 (3.3.8) 得到

$$\begin{aligned}
&\int_0^T \langle u(s), \widehat{u}(s)\rangle ds \\
&= \langle e^{AT}z_0 - z_1,\ Q(T)^{-1}(e^{AT}x_0 - x_1)\rangle = \int_0^T \|\widehat{u}(s)\|^2 ds
\end{aligned} \tag{3.3.9}$$

由式 (3.3.9)，

$$\int_0^T \|u(s) - \widehat{u}(s)\|^2 ds = \int_0^T (\|u(s)\|^2 - 2\langle u(s), \widehat{u}(s)\rangle + \|\widehat{u}(s)\|^2) ds$$

$$= \int_0^T (\|u(s)\|^2 - \|\widehat{u}(s)\|^2) ds$$

因此，$\widehat{u}(\cdot)$ 的最优性质得证. □

3.3.2 能控性与稳定性

若矩阵 A 稳定，则可以定义以下无穷积分

$$Q = \int_0^\infty e^{As} BB^\top e^{A^\top s} ds \tag{3.3.10}$$

事实上，由于矩阵 A 稳定，则存在正常数 M, α 使得 $\|e^{At}\| \leqslant Me^{-\omega t}$. 因此，

$$\|Q\| \leqslant \int_0^\infty \|B\| \|B^\top\| M^2 e^{-2\omega s} ds = \frac{M^2 \|B\|^2}{2\omega} \tag{3.3.11}$$

则式 (3.3.10) 是有意义的，我们将其称为稳定系统的能控格莱姆矩阵.

另一方面，容易验证能控格莱姆矩阵满足

$$AQ + QA^\top = \int_0^\infty \frac{d}{ds} (e^{As} BB^\top e^{A^\top s}) ds$$

$$= \lim_{s\to\infty} e^{As} BB^\top e^{A^\top s} - BB^\top$$

由于 A 稳定，我们得到

$$AQ + QA^\top + BB^\top = 0. \tag{3.3.12}$$

称方程 (3.3.12) 为系统 $\Sigma(A, B, -)$ 的**李雅普诺夫方程**. 此外，由式 (3.3.10) 所定义的能控格莱姆矩阵 Q 是李雅普诺夫方程 (3.3.12) 的唯一解. 事实上，假设 $\widetilde{Q}$ 是方程 (3.3.12) 的另一个解，则

$$\frac{d}{dt}[e^{At}(Q - \widetilde{Q})e^{A^\top t}] = e^{At}(AQ + QA^\top - A\widetilde{Q} - \widetilde{Q}A^\top)e^{A^\top t} = 0$$

从而有

$$e^{At}(Q - \widetilde{Q})e^{A^\top t} - (Q - \widetilde{Q}) = 0$$

令 $t \to \infty$，即由矩阵 A 的稳定性得到 $Q = \widetilde{Q}$. 综上所述，我们得到以下结论：

定理 3.3.2　设 $A \in \mathbf{R}^{n \times n}$, $B \in \mathbf{R}^{m \times n}$. 若系统 $\Sigma(A, B, -)$ 稳定，则由式 (3.3.10) 所定义的能控格莱姆矩阵 Q 存在，并且是李雅普诺夫方程 (3.3.12) 的唯一解.

以下结论描述了系统的能控性和稳定性之间的关系.

定理 3.3.3　设系统 $\Sigma(A, B, -)$ 能控. 则以下命题等价:

(i) 矩阵 A 稳定.

(ii) 存在正定矩阵 Q 满足李雅普诺夫方程 (3.3.12).

证明　由于 $\Sigma(A, B, -)$ 能控，$BB^{\top}$ 是正定的. 再由定理 2.3.1 可得命题 (i) 和命题 (ii) 的等价性.　　　　　　　　　　　　　　　　　　　　　　　$\square$

最后，我们分析定理 3.2.2 中的状态矩阵为对角阵的单输入系统，并计算其格莱姆矩阵. 假设其对角线上的元素 $\lambda_1, \lambda_2, \cdots, \lambda_n$ 互异属于 $\mathbf{C}^-$，控制矩阵满足 $b_i \neq 0$, $i = 1, \cdots, n$. 则该系统稳定、能控. 直接计算可得其格莱姆矩阵为

$$
Q = \begin{bmatrix}
\dfrac{b_1^2}{\lambda_1 + \overline{\lambda}_1} & \dfrac{b_1 b_2}{\lambda_1 + \overline{\lambda}_2} & \cdots & \dfrac{b_1 b_n}{\lambda_1 + \overline{\lambda}_n} \\[3mm]
\dfrac{b_2 b_1}{\lambda_2 + \overline{\lambda}_1} & \dfrac{b_2^2}{\lambda_2 + \overline{\lambda}_2} & \cdots & \dfrac{b_2 b_n}{\lambda_2 + \overline{\lambda}_n} \\[3mm]
\vdots & \vdots & \ddots & \vdots \\[3mm]
\dfrac{b_n b_1}{\lambda_n + \overline{\lambda}_1} & \dfrac{b_n b_2}{\lambda_n + \overline{\lambda}_2} & \cdots & \dfrac{b_n^2}{\lambda_n + \overline{\lambda}_n}
\end{bmatrix}
$$

该矩阵是李雅普诺夫方程 (3.3.12) 的唯一解.

第 4 章　线性系统的能稳性

在第 2 章, 我们讨论了自由线性系统 (2.1.1) 的稳定性问题. 本章将讨论控制系统 $\Sigma(A, B, C)$, 设计控制器使其状态达到稳定. 这称为系统的**能稳性**问题.

4.1　状态反馈与能稳性

4.1.1　状态反馈

在讨论系统 $\Sigma(A, B, C)$ 的能稳性问题时, 控制器的设计有多种类型. 若控制的信息与系统无关, 则称为开环控制. 若控制的信息来自系统, 则称其为反馈或闭环控制. 本节讨论线性状态反馈控制, 这类控制器的信息来自系统的状态, 且与状态呈线性关系. 因此, 若 u 是状态反馈控制, 存在矩阵 $K \in \mathbf{R}^{m \times n}$ 使得

$$u(t) = Kz(t), \quad \forall\, t \geqslant 0 \tag{4.1.1}$$

称矩阵 K 为**状态反馈矩阵**. 系统 $\Sigma(A, B, -)$ 在状态反馈控制 (4.1.1) 的作用下成为闭环系统

$$\frac{d}{dt}z(t) = (A + BK)z(t), \quad t > 0, \quad z(0) = z_0 \tag{4.1.2}$$

若存在状态反馈矩阵 K 使得 $A + BK$ 稳定, 则称系统 $\Sigma(A, B, C)$ 是**状态反馈能稳**的, 称 K 为**稳定化反馈矩阵**. 显然, 等价的控制系统具有相同的状态反馈能稳性质.

定理 4.1.1　设 $A \in \mathbf{R}^{n \times n}$, $B \in \mathbf{R}^{m \times n}$. 若系统 $\Sigma(A, B, -)$ 能控, 则对任意 $t > 0$, 矩阵

$$\widehat{Q}(t) = \int_0^t e^{-As}BB^\top e^{-A^\top s}ds \tag{4.1.3}$$

可逆. 此外, 状态反馈矩阵 $K = -B^\top \widehat{Q}(t)^{-1}$ 使得 $A + BK$ 稳定.

证明　由于矩阵 $\widehat{Q}(t)$ 是系统 $\Sigma(-A, B, -)$ 的能控格莱姆矩阵, 则从定理 3.3.1 得到 $\widehat{Q}(t)$ 正定. 此外,

$$
\begin{aligned}
A\widehat{Q}(t) + \widehat{Q}(t)A^\top &= -\int_0^t \frac{d}{ds}\big(e^{-As}BB^\top e^{-A^\top s}\big)ds \\
&= -e^{-At}BB^\top e^{-A^\top t} + BB^\top
\end{aligned}
$$

因此,

$$
\begin{aligned}
&[A - BB^\top\widehat{Q}(t)^{-1}]\widehat{Q}(t) + \widehat{Q}(t)[A - BB^\top\widehat{Q}(t)^{-1}]^\top \\
&= -BB^\top - e^{-At}BB^\top e^{-A^\top t}
\end{aligned}
\tag{4.1.4}
$$

令

$$
\widetilde{A} = A - BB^\top\widehat{Q}(t)^{-1}, \qquad \widetilde{B} = \begin{bmatrix} B & e^{-At}B \end{bmatrix}
$$

对任意 $\lambda \in \mathbf{C}$, 显然矩阵 $[\lambda I - A \quad B]$ 和 $[\lambda I - \widetilde{A} \quad \widetilde{B}]$ 具有相同的秩. 应用定理 3.2.3 可知系统 $[\lambda I - \widetilde{A} \quad \widetilde{B}]$ 能控. 最后, 结合式 (4.1.4) 以及定理 3.3.3, 我们证明了矩阵 $A - BB^\top\widehat{Q}(t)^{-1}$ 的稳定性.　　　　　　　　　　　　　　　　□

例 4.1.1　考虑系统

$$
\begin{cases}
\dfrac{d^2}{dt^2}x(t) + x(t) = u(t), & t > 0 \\
x(0) = x_{01}, \quad \dfrac{d}{dt}x(0) = x_{02}
\end{cases}
\tag{4.1.5}
$$

若 $u = 0$, 该系统的解为周期函数, 因此是不稳定的. 下面应用定理 4.1.1 讨论能稳性质. 首先, 系统的状态空间模型 $\Sigma(A, B, -)$ 中的状态矩阵和控制矩阵分别为

$$
A = \begin{bmatrix} 0 & 1 \\ -1 & 0 \end{bmatrix}, \quad B = \begin{bmatrix} 0 \\ 1 \end{bmatrix}
$$

注意到

$$
e^{-At} = \begin{bmatrix} \cos t & -\sin t \\ \sin t & \cos t \end{bmatrix}
$$

在式 (4.1.3) 中, 令 $t = \pi$, 则

$$
\widehat{Q}(\pi) = \int_0^\pi \begin{bmatrix} \cos t & -\sin t \\ \sin t & \cos t \end{bmatrix} \begin{bmatrix} 0 \\ 1 \end{bmatrix} \begin{bmatrix} 0 & 1 \end{bmatrix} \begin{bmatrix} \cos t & \sin t \\ -\sin t & \cos t \end{bmatrix} dt = \frac{\pi}{2}I
$$

因此, 系统 (4.1.5) 能控, 从而也是能稳的. 状态反馈矩阵

$$K = -\frac{2}{\pi}\begin{bmatrix} 0 & 1 \end{bmatrix}$$

使得 $A + BK$ 称为稳定的矩阵.

4.1.2 能稳性的 PBH 定理

从定理 4.1.1 可知, 能控性蕴含能稳性. 反之, 能稳性是否蕴含能控性呢?

例 4.1.2 设线性控制系统 $\Sigma(A, B, -)$ 中

$$A = \begin{bmatrix} a & 0 \\ 0 & 0 \end{bmatrix}, \quad B = \begin{bmatrix} 0 \\ 1 \end{bmatrix}, \quad a \in \mathbf{R}$$

显然 $\Sigma(A, B, -)$ 是非能控的系统. 令状态反馈矩阵为 $K = [k_1 \quad k_2]$, 则

$$A + BK = \begin{bmatrix} a & 0 \\ k_1 & k_2 \end{bmatrix}$$

若 $a \geqslant 0$, 对任意的 $k_1, k_2, A + BK$ 都不可能稳定. 若 $a < 0$, 则可选择满足 $k_2 < 0$ 的状态反馈矩阵 K, 使得 $A + BK$ 稳定.

从上面的例子可知, 非能控的系统可能是能稳定的, 也可能不是能稳定的. 回顾能控性的 PBH 判定定理, 通过分析系统的能控子空间 $\mathcal{X}_c$ 和非能控特征对, 我们得到系统能控的充要条件是它没有非能控的特征对. 下面我们遵循这一思路讨论系统的能稳性质. 设 (λ, ϕ) 是系统 $\Sigma(A, B, -)$ 的一个非能控的特征对, 则

$$\phi \neq 0, \quad \phi \in (\mathcal{X}_c)^\perp, \quad \phi^\top A = \lambda \phi^\top$$

结合引理 3.1.1 和引理 3.1.3 可得, $\mathcal{X}_c^\perp \subset (Ran(B))^\perp = Ker B^\top$. 则对任意的 $K \in \mathbf{R}^{m \times n}$, 有

$$(A^\top + K^\top B^\top)\phi = \lambda \phi$$

综上所述, 若系统 $\Sigma(A, B)$ 有非能控的特征对 (λ, ϕ), 则对任意矩阵 K, λ 是 $A + BK$ 的特征值. 由此我们得到了系统能稳的 PBH 定理.

定理 4.1.2 设矩阵 $A \in \mathbf{R}^{n \times n}$, $B \in \mathbf{R}^{n \times m}$. 则以下结论等价.

(i) 系统 $\Sigma(A, B, -)$ 能稳.

(ii) 存在可逆矩阵 $P \in \mathbf{R}^{n \times n}$, 使得

$$PAP^{-1} = \begin{bmatrix} A_{11} & A_{12} \\ 0 & A_{22} \end{bmatrix}, \quad PB = \begin{bmatrix} B_1 \\ 0 \end{bmatrix} \tag{4.1.6}$$

其中, $\Sigma(A_{11}, B_1, -)$ 能控, 矩阵 A_{22} 稳定.

(iii) 对任意满足 $Re\,\lambda \geqslant 0$ 的复数 λ, 有 $rank[\lambda I - A \quad B] = n$.

(iv) 对任意满足 $Re\,\lambda \geqslant 0$ 的矩阵 A 的特征值 λ, 有 $rank[\lambda I - A \quad B] = n$.

证明　首先证明命题 (i) 和 (ii) 等价. 若 $\Sigma(A, B, -)$ 能控, 则从定理 3.2.1 和定理 4.1.1, 结论是显然的. 设 $\Sigma(A, B, -)$ 不能控. 由定理 3.2.1 可知, 存在可逆阵 P, 使得式 (4.1.6) 成立, 其中 $A_{11} \in \mathbf{R}^{l \times l}$, $B \in \mathbf{R}^{l \times m}$, $l = rank\,W_{A,B} = dim\,\mathcal{X}_c$ 且 $\Sigma(A_{11}, B_1, -)$ 能控. 设 K 是任意的 $m \times n$ 阶矩阵, 对 KP^{-1} 进行分解, 使得

$$KP^{-1} = [K_1 \quad K_2], \quad K_1 \in \mathbf{R}^{m \times l} \tag{4.1.7}$$

则

$$P(A + BK)P^{-1}$$

$$= \begin{bmatrix} A_{11} & A_{12} \\ 0 & A_{22} \end{bmatrix} + \begin{bmatrix} B_1 \\ 0 \end{bmatrix} \begin{bmatrix} K_1 & K_2 \end{bmatrix} \tag{4.1.8}$$

$$= \begin{bmatrix} A_{11} + B_1 K_1 & A_{12} + B_1 K_2 \\ 0 & A_{22} \end{bmatrix}$$

从而有

$$|\lambda I - P(A + BK)P^{-1}| = |\lambda I - (A_{11} + B_1 K_1)| \, |\lambda I - A_{22}| \tag{4.1.9}$$

若 $\Sigma(A, B, -)$ 能稳, 则存在反馈矩阵 K 使得多项式 (4.1.9) 稳定. 注意到矩阵 K 无法影响式 (4.1.9) 中的因子 $|\lambda I - A_{22}|$. 因此, A_{22} 是稳定的矩阵. 反之, 若在式 (4.1.6) 中 A_{22} 稳定且 $\Sigma(A_{11}, B_1)$ 能控, 则 $\Sigma(A_{11}, B_1, -)$ 能稳, 可设 K_1 是使得 $\Sigma(A_{11}, B_1, -)$ 稳定的状态反馈矩阵, 设 K 如式 (4.1.7) 所定义. 则从式 (4.1.9) 可得 $P(A + BK)P^{-1}$ 稳定. 从而 $\Sigma(A, B, -)$ 能稳.

显然, (iii) 与 (iv) 等价. 下面证明 (ii) 与 (iv) 等价. 当系统 $\Sigma(A, B, -)$ 能控时, 二者显然等价. 若系统不能控, 从定理 3.2.1 的证明可知在式 (4.1.6) 中,

$$A_{11} : \mathcal{X}_c \to \mathcal{X}_c, \quad A_{22} : \mathcal{X}_c^\perp \to \mathcal{X}_c^\perp \tag{4.1.10}$$

因此, 系统 $\Sigma(A,\ B,\ -)$ 非能控的特征值 λ 是矩阵 A_{22} 的特征值, 即满足 $rank\ [\lambda I - A\ \ B] < n$. 因此, 若 (iv) 成立, 从式 (4.1.10) 知 A_{22} 的特征值均属于 $\mathbf{C}^-$, 因此 A_{22} 稳定. 反之, 若 A_{22} 稳定, 则闭右半平面中没有系统的非能控特征值, 从而证明了 (iv). □

例 4.1.3 考虑线性系统

$$\frac{d}{dt} z(t) = \begin{bmatrix} 0 & 1 \\ 1 & 0 \end{bmatrix} z(t) + \begin{bmatrix} 1 \\ 1 \end{bmatrix} u(t) \tag{4.1.11}$$

状态矩阵 $A = \begin{bmatrix} 0 & 1 \\ 1 & 0 \end{bmatrix}$ 的特征值为 $\lambda = \pm 1$. 当 $Re\,\lambda \geqslant 0$ 时, $rank[\lambda I - A\ \ B] = 2$. 因此, 系统是能稳的.

最后, 我们以一个非线性系统能稳性的定理结束这一节, 该结论可由定理 2.4.3 直接得到.

定理 4.1.3 设映射 $f, g : \mathbf{R}^n \to \mathbf{R}^n$ 连续可微, $f(0) = 0$. 考虑系统

$$\begin{cases} \dfrac{d}{dt} z = f(z) + g(z)u \\ z(0) = z_0 \in \mathbf{R}^n \end{cases} \tag{4.1.12}$$

若存在矩阵 $K \in \mathbf{R}^{m \times n}$, 使得 $A + BK \doteq \dfrac{\partial}{\partial z} f(0) + g(0)K$ 稳定. 则线性状态反馈控制 $u = Kz$ 使得闭环系统 $\dfrac{d}{dt} z = f(z) + g(z)Kz$ 在平衡点 $z = 0$ 处渐近稳定.

例 4.1.4 考虑一维非线性控制系统

$$\frac{d}{dt} z = 4z + z^3 + u$$

当该系统没有控制, 即 $u = 0$ 时, $z_e = 0$ 是其非稳定的平衡点. 可以应用定理 4.1.3 的结论设计使其稳定的线性状态反馈控制器. 首先, 将该系统写为式 (4.1.12) 的形式, 其中 $f(z) = 4z + z^3$, $g(z) = 1$. 设 $k < -4$, 则反馈控制 $u = kz$ 使得闭环系统 $\dfrac{d}{dt} z = (4 + k)z + z^3$ 在平衡点 $z_e = 0$ 处稳定.

4.2 极 点 配 置

4.2.1 单输入系统的极点配置

回顾单输入系统 (3.1.18)，由 3.1 节的分析可知，它是能控的系统，因此也是能稳的. 事实上，该系统具有比能稳更好的性质. 设 $\lambda_1, \lambda_2, \cdots, \lambda_n$ 是任意 n 个复数. 令

$$\widetilde{p}(\lambda) = \lambda^n + \alpha_1 \lambda^{n-1} + \cdots + \alpha_n \doteq \prod_{k=0}^{n}(\lambda - \lambda_k) \tag{4.2.1}$$

定义状态反馈控制

$$u(t) = (a_1 - \alpha_1)\frac{d^{n-1}}{dt^{n-1}}x(t) + \cdots + (a_n - \alpha_n)x(t), \quad \forall\, t \geqslant 0 \tag{4.2.2}$$

代入式 (3.1.18) 得到闭环系统

$$\frac{d^n}{dt^n}x(t) + \alpha_1 \frac{d^{n-1}}{dt^{n-1}}x(t) + \cdots + \alpha_n x(t) = 0 \tag{4.2.3}$$

显然，系统 (4.2.3) 的状态矩阵的特征多项式为式 (4.2.1). 综上所述，状态反馈控制 (4.2.2) 可将系统 (3.1.18) 的特征值配置于复平面中任意给定的 n 个点. 我们将其称为单输入系统的极点配置. 由定理 3.1.6，任意能控的单输入系统均与形如式 (3.1.18) 的系统等价. 因此，我们可以对任意能控的单输入系统进行极点配置. 进一步地，我们有以下结论：

定理 4.2.1 设矩阵 $A \in \mathbf{R}^{n \times n}$, $b \in \mathbf{R}^{n \times 1}$, 单输入系统 $\Sigma(A, b, -)$ 能控. 令 $\widetilde{p}(\lambda)$ 是给定的首项系数为 1 的 n 次多项式. 则存在唯一的反馈矩阵 $K \in \mathbf{R}^{1 \times n}$ 使得 $\widetilde{p}(\lambda) = |\lambda I - A - bK|$, 且

$$K = -\begin{bmatrix} 0 & 0 & \cdots & 1 \end{bmatrix} W_{A,b}^{-1} \widetilde{p}(A)$$

证明 由于系统 $\Sigma(A, b, -)$ 能控，则 $W_{A,b}$ 可逆. 定义向量

$$c = \begin{bmatrix} 0 & \cdots & 0 & 1 \end{bmatrix} W_{A,b}^{-1}$$

则

$$c A^j b = 0, \quad j = 0, 1, \cdots, n-2$$

$$c A^{n-1} b = 1$$

应用定理 1.2.1 得到

$$c\,(\lambda I - A)^{-1}b = \frac{c\,A^{n-1}b}{|\lambda I - A|} = \frac{1}{|\lambda I - A|} \tag{4.2.4}$$

$$c\,A^j(\lambda I - A)^{-1}b = \frac{\lambda^j}{|\lambda I - A|}, \quad j = 1, \cdots, n-1 \tag{4.2.5}$$

$$c\,A^n(\lambda I - A)^{-1}b = \frac{\lambda^n}{|\lambda I - A|} - 1 \tag{4.2.6}$$

设 $\widetilde{p}(\lambda) = \lambda^n + \alpha_1\lambda^{n-1} + \cdots + \alpha_n$. 因此, 从式 (4.2.4)$\sim$ 式 (4.2.6) 得到

$$
\begin{aligned}
& K(\lambda I - A)^{-1}b \\
={}& -c\,\widetilde{p}(A)(\lambda I - A)^{-1}b \\
={}& -c\,\big(A^n + \alpha_1 A^{n-1} + \cdots + \alpha_n\big)(\lambda I - A)^{-1}b \\
={}& -\frac{\lambda^n}{|\lambda I - A|} + 1 - \frac{\alpha_1\lambda^{n-1}}{|\lambda I - A|} - \cdots - \frac{\alpha_n}{|\lambda I - A|} \\
={}& 1 - \frac{\widetilde{p}(s)}{|\lambda I - A|}
\end{aligned}
\tag{4.2.7}
$$

另一方面, 注意到对任意的 $A_1, A_2 \in \mathbf{R}^{n \times n}$, 有 $|I + A_1 A_2| = |I + A_2 A_1|$. 因此,

$$
\begin{aligned}
& |\lambda I - A - bK| \\
={}& |(\lambda I - A)(I - (\lambda I - A)^{-1}bK)| \\
={}& |\lambda I - A|\,|I - K(\lambda I - A))^{-1}b|
\end{aligned}
\tag{4.2.8}
$$

从而有

$$K(\lambda I - A)^{-1}b = 1 - \frac{|\lambda I - A - bK|}{|\lambda I - A|} \tag{4.2.9}$$

对比式 (4.2.7) 和式 (4.2.9), 定理得证. $\qquad\square$

4.2.2 多输入系统的极点配置

下面我们将应用单输入系统极点配置的结论讨论多输入系统的极点配置问题.

引理 4.2.2 设矩阵 $A \in \mathbf{R}^{n \times n}$, $B \in \mathbf{R}^{n \times m}$, 系统 $\Sigma(A, B, -)$ 能控. 则存在矩阵 $L \in \mathbf{R}^{m \times n}$ 和向量 $u_0 \in \mathbf{R}^m$, 使得 $\Sigma(A + BL, Bu_0, -)$ 能控.

证明   由于 $\Sigma(A, B, -)$ 能控, 则存在向量 $u_0 \in \mathbf{R}^m$ 使得 $Bu_0 \neq 0$. 下面证明存在 $n-1$ 个向量 $u_1, \cdots, u_{n-1} \in \mathbf{R}^m$, 使得以下所定义的向量组

$$e_1 = Bu_0$$

$$e_{i+1} = Ae_i + Bu_i, \quad i = 1, \cdots, n-1 \tag{4.2.10}$$

构成 $\mathbf{R}^n$ 中的一组基. 若这样的向量组不存在, 则存在自然数 $k < n-1$ 以及 k 个向量 $u_1, \cdots, u_k \in \mathbf{R}^m$ 满足

(i) 由式 (4.2.10) 所定义的向量组 $e_1, \cdots, e_k$ 线性无关;

(ii) 对任意的 $u \in \mathbf{R}^m$, 有 $Ae_k + Bu \in E_k \doteq span\{e_1, \cdots, e_k\}$.

首先, 设 $u = 0$, 从 (ii) 得到 $Ae_k \in E_k$. 则对任意的 $u \in \mathbf{R}^m$, 有 $Bu \in E_k$, 且当 $j = 1, \cdots, k-1$ 时, $Ae_j \in E_k$. 因此, 空间 E_k 满足

$$AE_k \subseteq E_k, \quad Ran(B) \subseteq E_k \tag{4.2.11}$$

结合式 (4.2.11) 和推论 3.1.4 得到 $Ran(W_{A,B}) \subset E_k$. 由于 $\Sigma(A, B)$ 能控, 应用定理 3.1.5 知 $Ran(W_{A,B}) = \mathbf{R}^n$. 综上所述, $E_k = \mathbf{R}^n$. 得到矛盾. 则 $e_1, \cdots, e_n$ 是 $\mathbf{R}^n$ 中的一组基.

下面定义 $\mathbf{R}^n$ 上线性变换 L 为

$$Le_i = u_i, \quad i = 0, \cdots, n-1 \tag{4.2.12}$$

则从式 (4.2.10) 和式 (4.2.12) 知

$$\begin{bmatrix} e_1 & e_2 & e_3 & \cdots & e_n \end{bmatrix}$$

$$= \begin{bmatrix} Bu_0 & (A+BL)u_0 & (A+BL)^2 u_0 & \cdots & (A+BL)^{n-1} u_0 \end{bmatrix}$$

因此, 单输入系统 $\Sigma(A + BL, Bu_0, -)$ 的能控矩阵可逆, 从而是能控的系统. $\square$

定理 4.2.3   设矩阵 $A \in \mathbf{R}^{n \times n}$, $B \in \mathbf{R}^{n \times m}$. 则以下结论等价:

(i) 系统 $\Sigma(A, B, -)$ 能控;

(ii) 对于任意给定的复数 $\lambda_1, \cdots, \lambda_n$, 存在反馈矩阵 $K \in \mathbf{R}^{m \times n}$, 使得

$$|\lambda I - A - BK| = \prod_{j=1}^{n} (\lambda - \lambda_j)$$

证明 首先，若 $\Sigma(A, B, -)$ 能控，由引理 4.2.2 可知存在矩阵 $L \in \mathbf{R}^{m \times n}$ 和向量 $u_0 \in \mathbf{R}^m$，使得单输入系统 $\Sigma(A + BL, Bu_0, -)$ 能控. 再应用定理 4.2.1，存在矩阵 $\widetilde{K} \in \mathbf{R}^{1 \times n}$ 使得 $|\lambda I - (A + BL + Bu_0\widetilde{K})| = \prod\limits_{j=1}^{n} (\lambda - \lambda_j)$. 综上所述，通过定义反馈控制矩阵 $K = L + u_0\widetilde{K}$，我们证明了命题 (ii).

反之，假设 $\Sigma(A, B, -)$ 不能控. 则 $l \doteq rank\, W_{A,B} < n$. 应用定理 3.2.1，存在可逆矩阵 P，使得

$$PAP^{-1} = \begin{bmatrix} A_{11} & A_{12} \\ 0 & A_{22} \end{bmatrix}, \quad PB = \begin{bmatrix} B_1 \\ 0 \end{bmatrix}$$

其中，A_{11} 是 l 阶方阵，B_1 是 $l \times m$ 阶矩阵. 令

$$KP^{-1} = \begin{bmatrix} K_1 & K_2 \end{bmatrix}, \quad K_1 \in \mathbf{R}^{m \times l}, K_2 \in \mathbf{R}^{m \times (n-l)}$$

则

$$
\begin{aligned}
|\lambda I - (A + BK)| &= |\lambda I - P(A + BK)P^{-1}| \\
&= \begin{vmatrix} \lambda I - (A_{11} + B_1 K_1) & -A_{12} - B_1 K_2 \\ 0 & \lambda I - A_{22} \end{vmatrix} \\
&= |\lambda I - (A_{11} + B_1 K_1)|\, |\lambda I - A_{22}|
\end{aligned}
\tag{4.2.13}
$$

注意到因子 $|\lambda I - A_{22}|$ 与反馈矩阵 K 无关，这与 $\lambda_1, \cdots, \lambda_n$ 的任意性矛盾，结论得证. □

例 4.2.1 考虑线性系统

$$\frac{d}{dt} z(t) = \begin{bmatrix} 0 & 1 \\ 1 & 0 \end{bmatrix} z(t) + \begin{bmatrix} 0 \\ 1 \end{bmatrix} u(t) \tag{4.2.14}$$

设计状态反馈控制 $u = Kz$，使得 $A + bK$ 的特征值为 $\lambda_1 = -1, \lambda_2 = -2$.

由于 $A + bK$ 的特征多项式为 $\widetilde{p}(\lambda) = |\lambda I - A - bK| = \lambda^2 + 3\lambda + 2$. 从定理 4.2.1 得到

$$K = -\begin{bmatrix} 0 & 1 \end{bmatrix} \begin{bmatrix} 0 & 1 \\ 1 & 0 \end{bmatrix} \begin{bmatrix} 3 & 3 \\ 3 & 3 \end{bmatrix} = -\begin{bmatrix} 3 & 3 \end{bmatrix}$$

4.3　能稳性的频域分析

4.3.1　静态输出反馈

前两节讨论了控制系统的状态反馈能稳性问题，其中控制的信息来自状态变量. 在一些问题中，状态变量无法量测，因此需要考虑由输出设计的反馈控制. 具体地，设 $A \in \mathbf{R}^{n \times n}$, $B \in \mathbf{R}^{n \times m}$, $C \in \mathbf{R}^{r \times n}$. 针对输入输出系统

$$\begin{cases} \dfrac{d}{dt} z(t) = Az(t) + Bu(t), & z(0) = z_0 \\ y(t) = Cz(t), & t \geqslant 0 \end{cases} \tag{4.3.1}$$

假设反馈控制和输出之间是线性关系，即存在矩阵 $K \in \mathbf{R}^{m \times r}$, 使得

$$u(t) = Ky(t) + w(t), \qquad w \in \mathbf{R}^m \tag{4.3.2}$$

称式 (4.3.2) 是**静态输出反馈**. 若存在静态输出反馈使得系统 (4.3.1) 稳定，则称该系统为**静态输出反馈能稳**. 将式 (4.3.2) 代入式 (4.3.1)，并将 w 看作控制变量，得到

$$\begin{cases} \dfrac{d}{dt} z(t) = (A + BKC)z(t) + Bw(t), & z(0) = z_0 \\ y(t) = Cz(t), & t \geqslant 0 \end{cases} \tag{4.3.3}$$

则系统 (4.3.1) 是静态输出反馈能稳的充要条件是存在矩阵 K, 使得开环系统 (4.3.3) 稳定. 系统 (4.3.3) 的传递函数为

$$F(s) = C(sI - A - BKC)^{-1}B \tag{4.3.4}$$

令 $G(s) = C(sI - A)^{-1}B$ 为系统 $\Sigma(A, B, C)$ 的传递函数. 则

$$\begin{aligned} F(\lambda) &= C(I - (\lambda I - A)^{-1}BKC)^{-1}(\lambda I - A)^{-1}B \\ &= C(\lambda I - A)^{-1}B(I - KC(\lambda I - A)^{-1}B)^{-1} \\ &= G(s)(I - KG(s))^{-1} \end{aligned} \tag{4.3.5}$$

进一步地，假设 $\Sigma(A, B, C)$ 是单输入、单输出系统，并在式 (4.3.2) 中令 $K = -1$. 则输出反馈控制 (4.3.2) 成为

$$u(t) = -y(t) + w(t) \tag{4.3.6}$$

将 $K = -1$ 代入式 (4.3.5) 得到

$$F(s) = \frac{G(s)}{1 + G(s)} \tag{4.3.7}$$

另一方面, 由于

$$|sI - A + BC| = |(sI - A)(I + (sI - A)^{-1}BC)|$$

$$= |sI - A| \, |I + G(s)|$$

则

$$G(s) = \frac{|sI - A + BC| - |sI - A|}{|sI - A|} \tag{4.3.8}$$

将式 (4.3.8) 代入式 (4.3.7),

$$F(s) = \frac{|sI - A + BC| - |sI - A|}{|sI - A + BC|} \tag{4.3.9}$$

从而得到, $F(s)$ 的极点是矩阵 $A - BC$ 的特征值. 综上所述, 单输入、单输出系统 $\Sigma(A, B, C)$ 在输出反馈控制 (4.3.6) 作用下能稳的充要条件是开环系统 (4.3.3) 的传递函数的极点属于 $\mathbf{C}^-$. 因此, 输出反馈能稳性问题转化为了复变量有理函数 $F(\cdot)$ 的极点分布问题.

4.3.2 频域分析

从式 (4.3.7) 可知, $F(\cdot)$ 的极点是 $1 + G(s)$ 的零点. 因此, 系统 (4.3.3) 稳定的充要条件是 $1 + G(s)$ 的零点均属于 $\mathbf{C}^-$. 关于有理函数的零点、极点的分布, 我们引入以下结论:

引理 4.3.1 设 $D \subset \mathbf{C}$. $f(s)$ 在区域 D 内除可能有有限个极点外是全纯的, $g(x)$ 在 D 内是全纯的, Γ 是本身及其内部都包含于 D 内的简单闭曲线 (取正向), 且不经过 $f(s)$ 的零点与极点. 令 $q_1, q_2, \cdots, q_Z$ 是 $f(s)$ 在 Γ 内部的零点, $p_1, p_2, \cdots, p_P$ 是 $f(s)$ 在 Γ 内部的极点 (一个 m 阶零点或者极点计作 m 个零点或极点), 则

$$\frac{1}{2\pi i} \int_\Gamma g(s) \frac{f'(s)}{f(s)} ds = \sum_{k=1}^Z g(q_k) - \sum_{k=1}^P g(p_k)$$

特别地, 当 $g(s) \equiv 1$ 时, 有

$$\frac{1}{2\pi i} \int_\Gamma \frac{f'(s)}{f(s)} ds = Z - P$$

令 $\Delta_\Gamma\,Argf(s)$ 表示当复变量 s 沿 Γ 正向（逆时针）绕行一周时 $f(s)$ 的幅角的改变量. 则

$$\frac{1}{i}\int_\Gamma \frac{f'(s)}{f(s)}ds = \Delta_\Gamma\,Argf(s)$$

结合引理 4.3.1, 我们得到以下结论.

引理 4.3.2　设引理 4.3.1 的条件成立. 则有

$$Z - P = \frac{1}{2\pi}\Delta_\Gamma\,Argf(s)$$

若 s 在复平面上沿封闭曲线 Γ（Γ 不经过 $f(s)$ 的奇点与零点）按正向连续变化一周, 该曲线在 $f(s)$ 平面上的映射也是一条有向封闭曲线 Γ_f. 令 Γ_f 按正向包围原点的圈数为 R. 则从引理 4.3.2 可知:

$$R = Z - P$$

由前所述, 单输入、单输出系统 $\Sigma(A,B,C)$ 在输出反馈控制 (4.3.6) 作用下能稳的充要条件是 $1+G(s)$ 的零点均属于 $\mathbf{C}^-$. 因此, 可以在 s 平面上设计一条包围 $\overline{\mathbf{C}^+}$ 的曲线, 应用引理 4.3.2 分析该曲线是否包含 $1+G(s)$ 的零点, 从而判定 $A-BC$ 的稳定性. 这正是著名的奈奎斯特定理. 令曲线 Γ_s 包括从 $-i\infty$ 到 $i\infty$ 的整个虚轴, 以及半径为 r 且 $r\to\infty$ 的右半圆周, 称这一半圆式封闭曲线为奈奎斯特曲线. 设 $f(s)$ 是有理多项式函数, 在虚轴上没有零点和极点, s 沿 Γ_s 的正向运动一周时, $f(s)$ 平面上的闭合曲线 Γ_f 称为函数 f 的奈奎斯特映射围线.

令 $1+G(s)$ 在奈奎斯特曲线围成的区域内有 Z 个零点和 P 个极点. 由引理 4.3.2 可知, 若 s 沿奈奎斯特曲线 Γ_s 按正向连续环绕一周, $G(s)$ 平面上的映射围线 Γ_G 按正向包围 $(-1,0)$ 点的周数为 $R = Z - P$. 此外, 若矩阵 A 稳定, 从式 (4.3.8) 知 $P = 0$. 因此, 我们得到以下结论:

定理 4.3.3　设 $A\in\mathbf{R}^{n\times n}$, $B\in\mathbf{R}^{n\times 1}$, $C\in\mathbf{R}^{1\times n}$. 若单输入、单输出系统 $\Sigma(A,B,C)$ 的传递函数为 $G(s)$, 状态矩阵 A 稳定. 则该系统在输出反馈控制 (4.3.6) 作用下稳定的充要条件是 $G(s)$ 的奈奎斯特映射围线不包围 $(-1,0)$ 点.

若矩阵 A 不稳定, 由于 $G(s)$ 与 $1+G(s)$ 有相同的极点. 则有以下结论:

定理 4.3.4　设单输入单输出系统 $\Sigma(A,B,C)$ 的传递函数为 $G(s)$, 具有输出反馈 (4.3.6). 则反馈系统 $\Sigma(A-BC,B,C)$ 稳定当且仅当 $G(s)$ 的奈奎斯特映射围线沿逆时针方向包围 $(-1,0)$ 点的周数等于 $G(s)$ 在 $\mathbf{C}^+$ 内极点的个数.

第 5 章 线性系统的能观性与能检测性

在输入输出系统中，输入和输出是外部变量，是可以量测的. 若能由外部变量唯一确定系统的内部变量，则称系统是能观的. 若能由系统的外部变量近似估计系统的状态，则称系统是能检测的. 本章主要讨论线性系统的能观性和能检测性质，并建立对偶原理，以分析能观性与能控性，能检测性与能稳性之间的关系.

5.1 能 观 性

5.1.1 能观性的定义

首先讨论一个单输入、单输出系统，其状态方程和输出方程为

$$
\begin{cases}
\dfrac{d}{dt}z(t) = Az(t) + bu(t), \ \ z(0) = z_0 \\[2mm]
y(t) = cz(t), \quad t \geqslant 0
\end{cases}
\tag{5.1.1}
$$

其中，矩阵 $A \in \mathbf{R}^{n\times n}$, $b \in \mathbf{R}^{n\times 1}$, $c \in \mathbf{R}^{1\times n}$. 由式 (1.1.19)，对系统的输出变量 $y(t)$ 分别求 $0, 1, \cdots, n-1$ 阶导数，并令 $t=0$，得到

$$
\begin{bmatrix}
y(0) \\
\dfrac{d}{dt}y(0) \\
\vdots \\
\dfrac{d^{n-1}}{dt^{n-1}}y(0)
\end{bmatrix}
=
\begin{bmatrix}
c \\
cA \\
\vdots \\
cA^{n-1}
\end{bmatrix}
z_0 + \text{与 } u \text{ 相关的项}
$$

因此，若矩阵

$$
\begin{bmatrix}
c \\
cA \\
\vdots \\
cA^{n-1}
\end{bmatrix}
\tag{5.1.2}
$$

可逆, 则初始状态 z_0 可由输入和输出唯一确定. 再结合式 (1.1.18) 可知, 系统的状态 $z(t) = z(t; 0, z_0, u)$ 由输入和输出唯一确定, 从而系统具有能观性.

从上面的例子可知, 若系统在一个时间区间 $[0, T]$ 上的输入和输出可以唯一确定系统的初始状态 z_0, 则系统在该时间区间上的状态轨迹也被唯一确定. 此外, 系统的能观性质与系统的输入变量 $u(\cdot)$ 无关. 因此, 在仅考虑系统的能观性时, 一般讨论以下系统

$$\begin{cases} \dfrac{d}{dt}z(t) = Az(t), \ \ z(0) = z_0 \\ y(t) = Cz(t) \end{cases} \tag{5.1.3}$$

我们有以下定义:

定义 5.1.1　设 $A \in \mathbf{R}^{n \times n}$, $C \in \mathbf{R}^{r \times n}$. 若对某个 $T > 0$, 系统 $\Sigma(A, -, C)$ 在 $[0, T]$ 上的输出 $y(\cdot)$ 可以唯一确定系统的初始状态 z_0, 则称该系统在 $[0, T]$ 上是**能观的**.

定理 5.1.1　设矩阵 $A \in \mathbf{R}^{n \times n}$, $C \in \mathbf{R}^{r \times n}$. 系统 $\Sigma(A, -, C)$ 的能观格莱姆矩阵定义为

$$\widetilde{Q}(t) \doteq \int_0^t e^{A^\top s} C^\top C e^{As} ds, \qquad \forall\, t > 0 \tag{5.1.4}$$

则 $\Sigma(A, -, C)$ 在 $[0, T]$ 能观当且仅当 $\widetilde{Q}(T)$ 可逆.

证明　由能观性的定义, 系统 $\Sigma(A, -, C)$ 在 $[0, T]$ 上能观当且仅当

$$z_0 \neq 0 \ \Rightarrow\ y(t) = Ce^{At}z_0 \neq 0, \quad \forall\, t \in [0, T] \tag{5.1.5}$$

此外, 直接计算可得

$$\int_0^T \|y(s)\|^2 ds = \int_0^T \|Ce^{As}z_0\|^2 ds = \langle z_0, \widetilde{Q}(t)z_0 \rangle \tag{5.1.6}$$

因此, 结合式 (5.1.5) 和式 (5.1.6) 得到定理结论.　　　　　　　　　　　□

5.1.2　对偶原理

定义系统 $\Sigma(A, B, C)$ 的**对偶系统**为 $\Sigma(A^\top, C^\top, B^\top)$. 以下结论称为能控性与能观性的对偶原理.

定理 5.1.2　线性系统 $\Sigma(A, B, C)$ 在 $[0, T]$ 上能控当且仅当其相应的对偶系统 $\Sigma(A^\top, C^\top, B^\top)$ 在 $[0, T]$ 上能观.

证明　显然, 系统 $\Sigma(A, B, C)$ 的能控格莱姆矩阵即是其对偶系统 $\Sigma(A^\top, C^\top, B^\top)$ 的能观格莱姆矩阵. 因此, 结合定理 3.3.1 和定理 5.1.1, 我们得到系统 $\Sigma(A, B, C)$ 能控的充要条件是其对偶系统能观.　　　　　　　　　　　　　　　　　□

由于能控性与时间无关, 系统的能观性也与时间无关. 具体地, 若存在时间 T, 使得系统在 $[0, T]$ 上能观, 则系统在任意时间区间上都能观. 以下结论给出了能观性的秩判据和 PBH 判据.

定理 5.1.3　设矩阵 $A \in \mathbf{R}^{n \times n}$, $C \in \mathbf{R}^{r \times n}$. 定义能观映射 $S_t : \mathbf{R}^n \to L^2(0, t; \mathbf{R}^r)$ 为

$$S_t z_0 = C e^{At} z_0 \tag{5.1.7}$$

则以下命题等价:

(i) 系统 $\Sigma(A, -, C)$ 能观;

(ii) 存在 $t > 0$, 使得 $Ker\, S_t = \{0\}$;

(iii) $rank\, W_{A^\top, C^\top} = n$, 称 $O_{A,C} \doteq (W_{A^\top, C^\top})^\top$ 为系统的**能观性矩阵**;

(iv) 对任意的 $\lambda \in \sigma(A)$, 有 $rank[\lambda I - A^\top \quad C^\top] = n$;

(v) 对任意的 $\lambda \in \mathbf{C}$, 有 $rank[\lambda I - A^\top \quad C^\top] = n$;

(vi) 存在 $c > 0$, 使得 对任意的 $\lambda \in \mathbf{C}$ 和 $z \in \mathbf{R}^n$, 有 $\|(\lambda I - A)z\|^2 + \|Cz\|^2 \geqslant c\|z\|^2$.

证明　结合定理 3.1.5、3.2.3 和定理 5.1.2 得到命题 (i)~(v) 的等价性.　此外, (v) 显然蕴含 (vi). 反之, 若 (vi) 成立, 则对任意的 $\lambda \in \mathbf{C}$,

$$\Pi(\lambda) \doteq \begin{bmatrix} \lambda I - A \\ C \end{bmatrix}^\top \begin{bmatrix} \lambda I - A \\ C \end{bmatrix}$$

是正定矩阵. 设 $\Pi(\lambda)$ 的最小特征值为 $\mu_1(\lambda)$. 则存在正常数 c 使得 $\mu_1(\lambda) > c$. 因此, 对任意 $\lambda \in \mathbf{C}$, 有

$$(\lambda I - A)^\top (\lambda I - A) + C^\top C \geqslant cI$$

由此得到 (v).　　　　　　　　　　　　　　　　　　　　　　　　□

此外, 结合推论 3.2.4, 定理 3.2.2 和定理 5.1.2 可以得到下面的结论.

定理 5.1.4　设矩阵 $A \in \mathbf{R}^{n \times n}$, $C \in \mathbf{R}^{r \times n}$. 系统 $\Sigma(A, -, C)$ 能观当且仅当

$$A\phi = \lambda\phi, \quad C\phi = 0, \quad \phi \in \mathbf{R}^n, \ \lambda \in \mathbf{C} \tag{5.1.8}$$

仅有零向量解 $\phi = 0$. 称满足式 (5.1.8) 和 $\phi \neq 0$ 的 (λ, ϕ) 为系统 $\Sigma(A, -, C)$ 的非能观特征对.

定理 5.1.5　设矩阵 $A = diag(\lambda_1, \lambda_2, \cdots, \lambda_n)$, $C = [c_1 \quad c_2 \quad \cdots \quad c_n]$. 则系统 $\Sigma(A, -, C)$ 能观当且仅当 $\lambda_1, \lambda_2, \cdots, \lambda_n$ 互异且 $c_i \neq 0$, $i = 1, \cdots, n$.

若矩阵 $P \in \mathbf{R}^{n \times n}$ 可逆, 则系统 $\Sigma(A, -, C)$ 能观当且仅当 $\Sigma(PAP^{-1}, -, CP^{-1})$ 能观, 即等价系统具有相同的能观性质. 若系统非能观, 状态变量可以分解为能观和不能观两部分. 从定理 3.2.1 和定理 5.1.2 容易得到非能观系统的卡尔曼分解定理.

定理 5.1.6　设矩阵 $A \in \mathbf{R}^{n \times n}$, $C \in \mathbf{R}^{r \times n}$. 若 $W_{A^\top, C^\top} = l < n$. 则存在可逆阵 $P \in \mathbf{R}^{n \times n}$, 使得

$$PAP^{-1} = \begin{bmatrix} A_{11} & 0 \\ A_{21} & A_{22} \end{bmatrix}, \quad CP^{-1} = [C_1 \quad 0]$$

$\Sigma(A_{11}, -, C_1)$ 能观, 其中 A_{11} 是 l 阶方阵, C_1 是 $r \times l$ 阶矩阵.

最后, 应用与推论 3.2.5 同样的证明, 可得以下结论:

定理 5.1.7　设 $A \in \mathbf{R}^{n \times n}$, $B \in \mathbf{R}^{n \times m}$, $C \in \mathbf{R}^{r \times n}$, $K \in \mathbf{R}^{m \times r}$. 则系统 $\Sigma(A, B, C)$ 能观当且仅当系统 $\Sigma(A + BKC, B, C)$ 能观.

由此可见, 能观的系统 $\Sigma(A, B, C)$ 在施加了输出反馈控制后, 仍旧是能观的, 且这个结论对任意的反馈矩阵 K 都成立. 然而, 若系统的反馈基于状态, 则不一定能保留能观性质. 譬如以下例子:

例 5.1.1　考虑线性系统

$$\begin{cases} \dfrac{d}{dt}z(t) = \begin{bmatrix} 0 & 1 \\ 2 & 0 \end{bmatrix} z(t) + \begin{bmatrix} 1 \\ 0 \end{bmatrix} u(t) \\[3mm] y = [1 \ 0]u \end{cases} \tag{5.1.9}$$

从定理 5.1.3 (iii) 容易证明, 该系统是能观的. 设系统具有状态反馈, 并设反馈矩

阵为 $K = [k_1 \ \ k_2]$. 则

$$A + BK = \begin{bmatrix} k_1 & k_2 + 1 \\ 2 & 0 \end{bmatrix}$$

且

$$W_{(A+BK)^\top, C^\top} = \begin{bmatrix} 1 & k_1 \\ 0 & k_2 + 1 \end{bmatrix}$$

当 $k_2 \neq -1$ 时, $rank \ W_{(A+BK)^\top, C^\top} = 2$, 系统 $\Sigma(A + BK, B, C)$ 是能观的. 而当 $k_2 = -1$ 时, 状态反馈系统不能观.

5.1.3 能观性与李雅普诺夫方程

下面我们讨论系统 $\Sigma(A, -, C)$ 的能观性与稳定性之间的关系. 首先, 对式 (5.1.4) 所定义的能观格莱姆矩阵 $\widetilde{Q}(t)$ 求导得到

$$\frac{d}{dt}\widetilde{Q}(t) = A^\top \widetilde{Q}(t) + \widetilde{Q}(t)A + C^\top C \tag{5.1.10}$$

若矩阵 A 稳定, 则以下无穷区间上的积分存在, 并将其记为 $\widetilde{Q}$

$$\widetilde{Q} = \int_0^\infty e^{A^\top s} C^\top C e^{As} ds \tag{5.1.11}$$

显然, 矩阵 $\widetilde{Q}$ 满足

$$A^\top \widetilde{Q} + \widetilde{Q}A + C^\top C = 0 \tag{5.1.12}$$

同 3.3 节中一样, 我们称方程 (5.1.12) 为系统 $\Sigma(A, -, C)$ 的**李雅普诺夫方程**, 并应用对偶原理和定理 3.3.3 得到以下结论.

定理 5.1.8 若系统 $\Sigma(A, -, C)$ 能观. 则以下命题等价:

(i) 矩阵 A 稳定;

(ii) 存在正定矩阵 $\widetilde{Q}$ 满足李雅普诺夫方程 (5.1.12).

例 5.1.2 应用定理 5.1.3(v) 可知, $\Sigma(A, -, I)$ 是能观的系统. 进一步地, 若以下矩阵方程存在正定的解 $\widetilde{Q}$

$$A^\top \widetilde{Q} + \widetilde{Q}A = -I$$

则从定理 5.1.8 得到 A 是稳定的矩阵.

定理 5.1.9　设矩阵 $A \in \mathbf{R}^{n \times n}$, $C \in \mathbf{R}^{r \times n}$. 若系统 $\Sigma(A, -, C)$ 能观, 且对任意的 $z_0 \in \mathbf{R}^n$, 系统的输出满足

$$\lim_{t \to \infty} y(t) = \lim_{t \to \infty} C e^{At} z_0 = 0 \tag{5.1.13}$$

则 A 是稳定的矩阵.

证明　令 β 是任意的正常数. 由式 (5.1.13), 可以定义无穷积分

$$\widetilde{Q}_\beta \doteq \int_0^\infty e^{-2\beta t} (e^{At})^\top C^\top C e^{At} dt$$

显然矩阵 $\widetilde{Q}_\beta$ 非负, 且满足等式

$$(A - \beta I)^\top \widetilde{Q}_\beta + \widetilde{Q}_\beta (A - \beta I) = -C^\top C \tag{5.1.14}$$

此外, 由于系统 $\Sigma(A, -, C)$ 能观, 从定理 5.1.3 (v) 可得 $\Sigma(A - \beta I, -, C)$ 也是能观的. 另一方面, 直接计算可得

$$\left\langle \int_0^\infty e^{-2\beta t} (e^{At})^\top C^\top C e^{At} dt \, z_0, \ z_0 \right\rangle = \int_0^\infty \| e^{-\beta t} C e^{At} z_0 \|^2 dt$$

因此,

$$\langle \widetilde{Q}_\beta z_0, z_0 \rangle = 0 \ \Rightarrow \ z_0 = 0$$

从而 $\widetilde{Q}_\beta$ 正定. 再结合式 (5.1.14) 和定理 5.1.8, 得到 $A - \beta I$ 是稳定的矩阵. 由于系统 $\Sigma(A, -, C)$ 能观, $C^\top C$ 正定, 则可应用定理 2.3.4, 存在正常数 M 使得

$$\| e^{(A - \beta I)t} \| \leqslant M e^{-\alpha t}, \quad \alpha = \frac{\lambda_{min}(\widetilde{Q}_\beta^{-1} C^\top C)}{2}$$

选取 β 满足 $0 < \beta < \alpha$, 即得到矩阵 A 的稳定性.　　　　　　　　□

例 5.1.3　考虑一个 n 阶常微分方程

$$\begin{cases} \dfrac{d^n}{dt^n} z + a_1 \dfrac{d^{n-1}}{dt^{n-1}} z + \cdots + a_n z = 0 \\[2mm] z(0) = z_{01}, \quad \dfrac{dz}{dt}(0) = z_{02}, \quad \cdots, \quad \dfrac{d^{n-1}z}{dt^{n-1}}(0) = z_{0n} \end{cases} \tag{5.1.15}$$

若对任意的初值 $z_{01}, \cdots, z_{0n}$, 方程的解满足

$$\lim_{t \to \infty} z(t) = 0 \tag{5.1.16}$$

则

$$\lim_{t \to \infty} \frac{d^k}{dt^k} z(t) = 0, \quad k = 1, 2, \cdots, n-1 \tag{5.1.17}$$

证明 将式 (5.1.15) 看为一个单输出系统的状态方程, 并加入一个输出方程, 得到

$$\begin{cases} \dfrac{d^n}{dt^n} z + a_1 \dfrac{d^{n-1}}{dt^{n-1}} z + \cdots + a_n z = 0 \\ y(t) = z(t) \end{cases} \tag{5.1.18}$$

将系统 (5.1.18) 写为式 (5.1.3) 的标准形式, 其中状态变量为

$$z(t) = \begin{bmatrix} z(t) & \dfrac{d}{dt} z(t) & \cdots & \dfrac{d^{n-1}}{dt^{n-1}} z(t) \end{bmatrix}^\top$$

状态矩阵和输出矩阵为

$$A = \begin{bmatrix} 0 & 1 & 0 & \cdots & 0 & 0 \\ 0 & 0 & 1 & \cdots & 0 & 0 \\ \vdots & \vdots & \vdots & \ddots & \vdots & \vdots \\ 0 & 0 & 0 & \cdots & 0 & 1 \\ -a_n & -a_{n-1} & -a_{n-2} & \cdots & -a_2 & -a_1 \end{bmatrix}$$

$$C = \begin{bmatrix} 1 & 0 & \cdots & 0 \end{bmatrix}$$

应用定理 5.1.3(iii), 可以证明系统 (5.1.18) 是能观的. 再结合定理 5.1.9 和式 (5.1.16), 得到该系统是稳定的. 因此得到式 (5.1.17).

5.2 能 检 测 性

从上一节可知, 若系统 (5.1.3) 能观, 可以由输出唯一地确定初始状态, 从而也就唯一确定了系统在任意时刻的状态轨迹 $z(t)$. 然而, 在一些问题中, 只需要讨论系统的状态在 $t \to +\infty$ 时的渐进行为即可. 因此, 我们引入系统能检测的概念, 即是否能够由系统 $\Sigma(A, B, C)$ 的输出和输入近似地估计系统的状态. 与能观性相同, 能检测性主要讨论系统的状态和输出之间的关系, 我们一般假设控制 $u = 0$.

定义 5.2.1 在线性系统 (5.1.3) 中, 若

$$y(s) = Cz(t) \equiv 0, \ \forall\, t \geqslant 0 \ \Rightarrow \ \lim_{t \to \infty} z(t) = 0$$

则称系统 $\Sigma(A, -, C)$ 是能检测的.

显然, 若系统 $\Sigma(A, -, C)$ 能观测, 则它也是能检测的. 此外, 若系统 $\Sigma(A, -, C)$ 能检测, $z(t),\ \widetilde{z}(t)$ 均是其状态变量, 则由能检测的定义可知

$$Cz(t) = C\widetilde{z}(t),\ \ \forall\, t \geqslant 0\ \ \Rightarrow\ \ \lim_{t \to \infty}(z(t) - \widetilde{z}(t)) = 0$$

因此, 通过能检测系统的输出, 可以渐进估计其状态轨迹.

引理 5.2.1　设矩阵 $A \in \mathbf{R}^{n \times n}$, $C \in \mathbf{R}^{r \times n}$. 系统 $\Sigma(A, -, C)$ 能检测. 若复数 λ 满足

$$\phi \neq 0, \quad (\lambda I - A)\phi = 0, \quad C\phi = 0 \tag{5.2.1}$$

则 $Re\,\lambda < 0$.

证明　显然 $z(t) = e^{\lambda t}\phi$ 是方程

$$\frac{d}{dt}z(t) = Az(t), \quad z(0) = \phi$$

的解. 此外, 由 $C\phi = 0$ 得到 $Cz(t) = e^{\lambda t}C\phi = 0$. 结合系统的能检测性质得到 $\lim\limits_{t \to \infty} z(t) = 0$. 由此得到 $Re\,\lambda < 0$. 　　　　　　　　　　　　　　　□

定理 5.2.2　设矩阵 $A \in \mathbf{R}^{n \times n}$, $C \in \mathbf{R}^{r \times n}$. 则系统 $\Sigma(A, -, C)$ 能检测当且仅当

$$rank \begin{bmatrix} \lambda I - A \\ C \end{bmatrix} = n, \quad \forall\, \lambda \in \sigma(A)\ \text{且}\ Re\,\lambda \geqslant 0 \tag{5.2.2}$$

证明　若 $\Sigma(A, -, C)$ 能检测, 由引理 5.2.1 可得式 (5.2.2). 反之, 由式 (5.2.2) 和定理 4.1.2 可知 $\Sigma(A^{\top}, C^{\top}, -)$ 能稳. 从而存在矩阵 $L \in \mathbf{R}^{n \times r}$ 使得 $A^{\top} + C^{\top}L^{\top}$ 稳定, 则矩阵 $A + LC$ 稳定. 设 $z(t)$ 是状态方程 $\frac{d}{dt}z(t) = Az(t)$ 的解, 且对任意的 $t \geqslant 0$ 满足 $Cz(t) = 0$. 则 $z(t)$ 满足

$$\frac{d}{dt}z(t) = (A + LC)z(t)$$

再结合 $A + LC$ 的稳定性, 即得 $\lim\limits_{t \to \infty} z(t) = 0$. 因此系统是能检测的. 　　　□

以上结论是系统能检测的 PBH 定理. 结合系统能稳的 PBH 定理可知, 线性系统能检测当且仅当其对偶系统能稳. 这是系统能检测和能稳之间的对偶关系. 因此, 结合能稳性的定义以及定理 4.1.2, 我们得到以下结论.

推论 5.2.3 设矩阵 $A \in \mathbf{R}^{n \times n}$, $C \in \mathbf{R}^{r \times n}$. 则以下命题等价

(i) 系统 $\Sigma(A, -, C)$ 能检测;

(ii) 系统 $\Sigma(A^\top, C^\top, -)$ 能稳;

(iii) 存在矩阵 $L \in \mathbf{R}^{n \times r}$ 使得 $A + LC$ 稳定;

(iv) 对任意满足 $Re\,\lambda \geqslant 0$ 的复数 λ, 有

$$rank \begin{bmatrix} \lambda I - A \\ C \end{bmatrix} = n$$

推论 5.2.4 设 $A \in \mathbf{R}^{n \times n}$, $B \in \mathbf{R}^{m \times n}$, $C \in \mathbf{R}^{r \times n}$, $K \in \mathbf{R}^{m \times r}$. 则系统 $\Sigma(A, B, C)$ 能稳 (能检测) 当且仅当系统 $\Sigma(A + BRC, B, C)$ 能稳 (能检测).

例 5.2.1 设一个质量为 m 的物体作匀速直线运动, 其速度可以量测. 令该物体的位移变量为 z_1, 则

$$m \frac{d^2}{dt^2} z_1 = 0, \quad y = \frac{d}{dt} z_1$$

令 $z_2 = \dfrac{d}{dt} z_1$, $z = [z_1 \ z_2]^\top$. 系统的状态方程和观测方程为

$$\frac{d}{dt} z = \begin{bmatrix} 0 & 1 \\ 0 & 0 \end{bmatrix} z, \qquad y = [0 \ 1] z \tag{5.2.3}$$

令 $L = [a \ b]^\top$. 由于

$$A + LC = \begin{bmatrix} 0 & 1+a \\ 0 & b \end{bmatrix}$$

显然, 若取 $a = 0$, $b = -2$, 矩阵 $A + LC$ 的特征值属于 $\mathbf{C}^-$, 因此是稳定的. 由推论 5.2.3, 系统 (5.2.3) 是能检测的. 另一方面, 由于

$$rank \, W_{A^\top, C^\top} = rank \begin{bmatrix} 0 & 0 \\ 1 & 0 \end{bmatrix} = 1$$

该系统不是能观的.

由上所述, 可以通过量测该物体的速度来估计其状态. 如果所观测的变量是物体的位移, 系统是否仍旧是能检测的? 应用定理 5.2.2 容易验证, 答案是否定的.

5.3　输出反馈控制

5.3.1　输出反馈

在 4.1~4.2 节，我们分析了系统

$$
\begin{cases}
\dfrac{d}{dt}z = Az + Bu, & z(0) = z_0 \\[2mm]
y = Cz, & t \geqslant 0
\end{cases}
\tag{5.3.1}
$$

的状态反馈能稳性质，并得到系统的能控性蕴含状态反馈能稳性. 4.3 节进一步引入静态输出反馈控制 (4.3.2). 一个自然的问题是，系统 (5.3.1) 的能观、能控性质能否得到其静态输出反馈能稳性呢？从下面的例子可知，答案是否定的.

例 5.3.1　考虑一个单输入、单输出系统:

$$
\begin{cases}
\dfrac{d^n}{dt^n}x(t) + a_1\dfrac{d^{n-1}}{dt^{n-1}}x + (t)\cdots + a_n x(t) = u(t) \\[2mm]
y(t) = x(t), & t \geqslant 0
\end{cases}
\tag{5.3.2}
$$

假设其系数 $a_1, a_2, \cdots, a_{n-1}$ 不全为正.

令状态变量为 $z = \left(x, \dfrac{d}{dt}x, \cdots, \dfrac{d^{n-1}}{dt^{n-1}}x\right)^{\top}$，则式 (5.3.2) 可写为

$$
\begin{cases}
\dfrac{d}{dt}z = Az + Bu \\[2mm]
\quad = \begin{bmatrix}
0 & 1 & 0 & \cdots & 0 & 0 \\
0 & 0 & 1 & \cdots & 0 & 0 \\
\vdots & \vdots & \vdots & \ddots & \vdots & \vdots \\
0 & 0 & 0 & \cdots & 0 & 1 \\
-a_n & -a_{n-1} & -a_{n-2} & \cdots & -a_2 & -a_1
\end{bmatrix} z + \begin{bmatrix} 0 \\ \vdots \\ 0 \\ 1 \end{bmatrix} u \\[2mm]
y = \begin{bmatrix} 1 & 0 & \cdots & 0 \end{bmatrix} z
\end{cases}
\tag{5.3.3}
$$

由 3.1 节和 5.1 节可知，系统 (5.3.2) 是能控、能观的系统. 讨论该系统的静态输出反馈控制器

$$
u(t) = ky(t) + w(t), \quad k \in \mathbf{R}
\tag{5.3.4}
$$

将其代入式 (5.3.2) 得到

$$\begin{cases} \dfrac{d^n}{dt^n}x(t) + a_1\dfrac{d^{n-1}}{dt^{n-1}}x(t) + \cdots + (a_n - k)x(t) = w(t) \\ y(t) = x(t), \quad t \geqslant 0 \end{cases} \tag{5.3.5}$$

则系统 (5.3.2) 为静态输出反馈能稳当且仅当存在 $k \in \mathbf{R}$ 使得开环系统 (5.3.5) 稳定. 系统 (5.3.5) 的状态方程和输出方程为

$$\begin{cases} \dfrac{d}{dt}z = (A + kBC)z + Bu \\ \\ = \begin{bmatrix} 0 & 1 & 0 & \cdots & 0 & 0 \\ 0 & 0 & 1 & \cdots & 0 & 0 \\ \vdots & \vdots & \vdots & \ddots & \vdots & \vdots \\ 0 & 0 & 0 & \cdots & 0 & 1 \\ -a_n+k & -a_{n-1} & -a_{n-2} & \cdots & -a_2 & -a_1 \end{bmatrix} z + \begin{bmatrix} 0 \\ \vdots \\ 0 \\ 1 \end{bmatrix} u \\ \\ y = \begin{bmatrix} 1 & 0 & \cdots & 0 \end{bmatrix} z \end{cases} \tag{5.3.6}$$

显然, 矩阵 $A + kBC$ 的特征多项式为

$$p(\lambda) = \lambda^n + a_1\lambda^{n-1} + \cdots + a_n - k$$

注意到系数 $a_1, \cdots, a_{n-1}$ 不全为正, 应用推论 2.2.5 可知, 对任意的 k, 系统 (5.3.5) 是非稳定的. 因此, 开环系统 (5.3.5) 是不稳定的. 综上所述, 系统 (5.3.2) 不是静态输出反馈能稳的.

5.3.2 动态输出反馈

设 $A \in \mathbf{R}^{n \times n}$, $B \in \mathbf{R}^{n \times m}$, $C \in \mathbf{R}^{r \times n}$. 线性系统 (5.3.1) 的线性动态输出反馈控制器一般为如下形式:

$$\begin{cases} \dfrac{d}{dt}\theta(t) = A_c\theta(t) + B_c y(t), \quad \theta(0) = \theta_0 \\ u(t) = C_c\theta(t) + D_c y(t), \quad t \geqslant 0 \end{cases} \tag{5.3.7}$$

其中, $A_c \in \mathbf{R}^{\tilde{n} \times \tilde{n}}$, $B_c \in \mathbf{R}^{\tilde{n} \times r}$, $C_c \in \mathbf{R}^{m \times \tilde{n}}$, $D_c \in \mathbf{R}^{m \times r}$. 式 (5.3.7) 的状态空间的维数 $\tilde{n}$ 称为控制器的**阶数**. 若 $C_c = 0$, 则控制器 (5.3.7) 是一个静态输出反馈控制.

定理 5.3.1　若存在动态输出反馈控制器 (5.3.7) 使得系统 (5.3.1) 稳定, 则系统 (5.3.1) 是能稳和能检测的.

证明　将控制器 (5.3.7) 代入系统 (5.3.1) 得到闭环系统

$$
\frac{d}{dt}\begin{bmatrix} z(t) \\ \theta(t) \end{bmatrix} = \mathcal{A}\begin{bmatrix} z(t) \\ \theta(t) \end{bmatrix}
$$
$$
\doteq \begin{bmatrix} A + BD_cC & BC_c \\ B_cC & A_c \end{bmatrix}\begin{bmatrix} z(t) \\ \theta(t) \end{bmatrix}
\tag{5.3.8}
$$

首先证明系统 $\Sigma(A, B, C)$ 是能检测的. 假设 λ 是该系统的一个非能观特征值. 则存在非零向量 v 使得

$$
Av = \lambda v, \quad Cv = 0
$$

则由 $\mathcal{A}$ 的定义可得 (λ, v) 满足

$$
\mathcal{A}\begin{bmatrix} v \\ 0 \end{bmatrix} = \lambda\begin{bmatrix} v \\ 0 \end{bmatrix}, \quad v \neq 0
$$

从而 λ 也是 $\mathcal{A}$ 的特征值. 由于 $\mathcal{A}$ 是稳定的矩阵, 则 $\lambda \in \mathbf{C}^-$. 因此, 从定理 5.2.2 得到 $\Sigma(A, B, C)$ 是能检测的. 同理可证 $\Sigma(A, B, C)$ 的能稳性质. 　　□

反之, 若系统 $\Sigma(A, B, C)$ 能稳、能检测, 是否可以设计动态输出反馈控制使其稳定? 答案是肯定的.

定理 5.3.2　设 $A \in \mathbf{R}^{n \times n}$, $B \in \mathbf{R}^{n \times m}$, $C \in \mathbf{R}^{r \times n}$. 若系统 (5.3.1) 能检测, 即存在矩阵 $L \in \mathbf{R}^{n \times r}$ 使得 $A + LC$ 稳定. 则以下系统

$$
\frac{d}{dt}\xi(t) = A\xi(t) + Bu(t) + LC(\xi(t) - z(t)), \quad \xi(0) = \xi_0
\tag{5.3.9}
$$

的解满足

$$
\lim_{t \to \infty}(\xi(t) - z(t)) = 0
\tag{5.3.10}
$$

此外, 若系统 (5.3.1) 能稳, 且矩阵 $K \in \mathbf{R}^{m \times n}$ 使得 $A + BK$ 稳定, 则控制器

$$
u(t) = K\xi(t)
\tag{5.3.11}
$$

使系统 (5.3.1) 稳定, 即

$$
\lim_{t \to \infty} z(t) = 0
\tag{5.3.12}
$$

证明 首先，结合系统 (5.3.1) 和 (5.3.9) 得到

$$\frac{d}{dt}(\xi - z) = (A + LC)\xi - LCz + Bu - Az - Bu$$
$$= (A + LC)(\xi - z)$$

因此，由 $A + LC$ 的稳定性得到

$$\lim_{t \to \infty} (\xi(t) - z(t)) = 0 \tag{5.3.13}$$

此外，从式 (5.3.1)，式 (5.3.9) 和式 (5.3.11) 得到闭环系统

$$\frac{d}{dt}\begin{bmatrix} z(t) \\ \xi(t) \end{bmatrix} = \mathcal{A}\begin{bmatrix} z(t) \\ \xi(t) \end{bmatrix} \doteq \begin{bmatrix} A & BK \\ -LC & A + BK + LC \end{bmatrix}\begin{bmatrix} z(t) \\ \xi(t) \end{bmatrix} \tag{5.3.14}$$

显然，矩阵 $\mathcal{A}$ 和以下矩阵相似

$$\begin{bmatrix} A + BK & BK \\ 0 & A + LC \end{bmatrix}$$

由于 $A + BK$, $A + LC$ 是稳定的矩阵，则 $\mathcal{A}$ 稳定. 从而式 (5.3.12) 得证. □

从式 (5.3.10) 可知，动态输出反馈控制器 (5.3.9) 和 (5.3.11) 的状态变量 $\xi(\cdot)$ 可渐进估计系统 (5.3.1) 的状态 $z(\cdot)$. 因此，若系统 $\Sigma(A, B, C)$ 能检测、能稳，则称式 (5.3.9) 为该系统的**状态观测器**. 另一方面，在定理 5.3.2 的条件下，若令误差变量为

$$e(t) \doteq \xi(t) - z(t) \tag{5.3.15}$$

则从式 (5.3.1), 式 (5.3.9), 式 (5.3.11) 和式 (5.3.15) 得到

$$\frac{d}{dt}\begin{bmatrix} z(t) \\ e(t) \end{bmatrix} = \begin{bmatrix} A + BK & BK \\ 0 & A + LC \end{bmatrix}\begin{bmatrix} z(t) \\ e(t) \end{bmatrix} \tag{5.3.16}$$

由 $A + BK$, $A + LC$ 的稳定性得到 $\lim_{t \to \infty} z(t) = 0$ 和 $\lim_{t \to \infty} e(t) = 0$.

例 5.3.2 设 a, b, c 是非零常数. 考虑以下系统

$$\begin{cases} \dfrac{d}{dt}z(t) = \begin{bmatrix} 0 & a \\ 0 & 0 \end{bmatrix}z(t) + \begin{bmatrix} 0 \\ b \end{bmatrix}u \\ \\ y(t) = [c \quad 0]z \end{cases} \tag{5.3.17}$$

显然, 该系统是能观、能控的, 因此也是能稳和能检测的. 则可定义使其稳定的动态输出反馈控制器. 事实上, 令 $K = [k_1 \quad k_2]$, $L = [l_1 \quad l_2]^{\mathrm{T}}$, 以及 $z = [z_1 \quad z_2]^{\mathrm{T}}$, $\xi = [\xi_1 \quad \xi_2]^{\mathrm{T}}$, $e = [e_1 \quad e_2]^{\mathrm{T}} = \xi - z$, 则可得闭环系统

$$\frac{d}{dt} \begin{bmatrix} z_1 \\ z_2 \\ e_1 \\ e_2 \end{bmatrix} = \begin{bmatrix} 0 & a & 0 & 0 \\ bk_1 & bk_2 & bk_1 & bk_2 \\ 0 & 0 & cl_1 & a \\ 0 & 0 & cl_2 & 0 \end{bmatrix} \begin{bmatrix} x_1 \\ x_2 \\ \xi_1 \\ \xi_2 \end{bmatrix} \tag{5.3.18}$$

显然, 可以选择合适的常数 k_1, k_2, l_1, l_2 使得闭环系统稳定. 譬如当

$$k_1 = -\frac{1}{ab}, \quad k_2 = -\frac{2}{b}, \quad l_1 = -\frac{2}{c}, \quad l_2 = -\frac{1}{ac}$$

时, 系统 (5.3.18) 是稳定的. 则使得系统 (5.3.18) 稳定的动态输出反馈控制器为

$$\begin{cases} \dfrac{d}{dt}\xi(t) = \begin{bmatrix} 0 & a \\ 0 & 0 \end{bmatrix} \xi(t) + \begin{bmatrix} 0 \\ b \end{bmatrix} u(t) + c \begin{bmatrix} l_1 & 0 \\ l_2 & 0 \end{bmatrix} (\xi(t) - z(t)) \\ u(t) = K\xi(t) \end{cases} \tag{5.3.19}$$

例 5.3.3　考虑具有调和扰动的弹簧–质量–阻尼器系统 (例 1.1.1), 其状态方程为

$$\begin{cases} \dfrac{d}{dt}z(t) = Az(t) + Bu(t) + Bw(t) \\ \dfrac{d^2}{dt^2}w(t) = \omega^2 w(t) \end{cases} \tag{5.3.20}$$

其中, A, B 由式 (1.1.6) 定义. 设系统 (5.3.20) 的状态变量和输出变量分别为

$$\widetilde{z} = \begin{bmatrix} x & \dfrac{d}{dt}z & w & \dfrac{d}{dt}w \end{bmatrix}^{\top}, \quad y = x$$

则系统 (5.3.20) 可以写为由如下状态方程和输出方程所构成的系统:

$$\begin{cases} \dfrac{d}{dt}\widetilde{z}(t) = \widetilde{A}\widetilde{z}(t) + \widetilde{B}u(t) \\ y(t) = \widetilde{C}\widetilde{z}(t) \end{cases} \tag{5.3.21}$$

其中

$$
\widetilde{A} = \begin{bmatrix} 0 & 1 & 0 & 0 \\ -\dfrac{k}{m} & -\dfrac{b}{m} & 1 & 0 \\ 0 & 0 & 0 & 1 \\ 0 & 0 & -\omega^2 & 0 \end{bmatrix}
$$

(5.3.22)

$$
\widetilde{B} = \begin{bmatrix} 0 \\ \dfrac{1}{m} \\ 0 \\ 0 \end{bmatrix}, \quad \widetilde{C} = \begin{bmatrix} 1 & 0 & 0 & 0 \end{bmatrix}
$$

其能观矩阵为

$$
O_{\widetilde{A},\widetilde{C}} = \begin{bmatrix} 1 & 0 & 0 & 0 \\ 0 & 1 & 0 & 0 \\ -\dfrac{k}{m} & -\dfrac{b}{m} & 1 & 0 \\ \dfrac{kb}{m^2} & -\dfrac{k}{m}+\dfrac{b^2}{m^2} & -\dfrac{b}{m} & 1 \end{bmatrix}
$$

(5.3.23)

显然, $O_{\widetilde{A},\widetilde{C}}$ 可逆. 则从式 (5.1.3) 可知系统 (5.3.20) 是能观, 因而也是能检测的. 因此, 可以设计状态观测器 (5.3.9) 以估计系统 (5.3.21) 的状态, 从而可以近似估计施加于系统上的调和扰动 w. 分析的关键在于矩阵 L 的设立, 这一计算留给读者.

第6章 线性二次最优控制

在前几章中，我们讨论了系统的稳定、能控、能观、能稳、能检测等性质. 本章讨论系统的最优控制. 一般来说，系统的最优控制问题旨在讨论系统的性能指标函数的极小化（极大化）问题. 该性能指标函数通常与系统的能量、控制的范数，以及控制时间等因素相关.

6.1 问题的提出

设 $0 \leqslant t_0 < t_e \leqslant \infty$. 考虑在 $[t_0, t_e]$ 上的线性系统：

$$\begin{cases} \dfrac{d}{dt} z(t) = Az(t) + Bu(t), \quad z(t_0) = z_0 \\ y(t) = Cz(t), \quad t_0 \leqslant t \leqslant t_e \end{cases} \tag{6.1.1}$$

其中, $A \in \mathbf{R}^{n \times n}$, $B \in \mathbf{R}^{n \times m}$, $C \in \mathbf{R}^{r \times n}$. 假设状态变量，输入（控制）变量和输出（观测）变量分别满足 $z(\cdot) \doteq z(\cdot; t_0, z_0, u(\cdot)) \in L^2([t_0, t_e], \mathbf{R}^n)$, $u(\cdot) \in L^2([t_0, t_e], \mathbf{R}^m)$, $y(\cdot) \doteq y(\cdot; t_0, z_0, u(\cdot)) \in L^2([t_0, t_e], \mathbf{R}^r)$.

对于有限时间区间 $[t_0, t_e]$ 上的系统 $\Sigma(A, B, C)$，定义如下价值函数（性能指标函数）：

$$J_{t_0, t_e}(z_0, u) = \int_{t_0}^{t_e} \left[\langle y(s), y(s) \rangle + \langle Ru(s), u(s) \rangle \right] ds + \langle Mz(t_e), z(t_e) \rangle \tag{6.1.2}$$

其中, 矩阵 $M \in \mathbf{R}^{n \times n}$ 非负定, $R \in \mathbf{R}^{m \times m}$ 正定，它们分别表示控制变量和终止时刻状态变量的权重.

有限时间区间上的二次最优控制（**LQ**）问题可叙述为：设时间区间 $[t_0, t_e]$ 固定. 对每个初始状态 $z_0 \in \mathbf{R}^n$，寻找控制 $u^{min} \in L^2([t_0, t_e], \mathbf{R}^m)$，使得价值函数 $J_{t_0, t_e}(z_0, u)$ 达到最小，即

$$V(t_0, z_0) \doteq J_{t_0, t_e}(z_0, u^{min}) = \min_{u \in L^2([t_0, t_e], \mathbf{R}^m)} J_{t_0, t_e}(z_0, u) \tag{LQ}$$

在讨论 (LQ) 问题之前，我们首先引入一个矩阵微分方程. 设矩阵 $P(t)$ 在区间 $[t_0, t_e]$ 上满足

$$\begin{cases} \dfrac{d}{dt}P(t) = -P(t)A - A^\top P(t) - C^\top C + P(t)BR^{-1}B^\top P(t) \\[2mm] P(t_e) = M \end{cases} \tag{6.1.3}$$

则有

$$\begin{aligned} &\frac{d}{dt}\langle Pz,\, z\rangle \\ &= \Big\langle \frac{d}{dt}Pz,\, z\Big\rangle + \langle P(Az+Bu),\, z\rangle + \langle Pz,\, Az+Bu\rangle \\ &= -\|y\|^2 + \langle R^{-1}B^\top Pz,\, B^\top Pz\rangle + \langle PBu,\, z\rangle + \langle B^\top Pz,\, u\rangle \\ &= -\|y\|^2 - \|R^{\frac{1}{2}}u\|^2 + \|R^{-\frac{1}{2}}B^\top Pz + R^{\frac{1}{2}}u\|^2 \end{aligned} \tag{6.1.4}$$

式 (6.1.4) 两边在 $(t_0,\, t_e)$ 上积分得到:

$$\begin{aligned} &\langle P(t_0)z_0,\, z_0\rangle + \int_{t_0}^{t_e}\|R^{-\frac{1}{2}}B^\top Pz + R^{\frac{1}{2}}u\|^2 ds \\ &= \langle Mz(t_e), z(t_e)\rangle + \int_{t_0}^{t_e}\Big[\|y\|^2 + \langle Ru, u\rangle\Big]ds \end{aligned} \tag{6.1.5}$$

从而对任意输入 $u \in L^2([t_0,\, t_e],\, \mathbf{R}^m)$, 有

$$\langle P(t_0)z_0,\, z_0\rangle \leqslant \langle Mz(t_e), z(t_e)\rangle + \int_{t_0}^{t_e}\Big[\|y\|^2 + \langle Ru, u\rangle\Big]ds$$

且上式中等号成立当且仅当

$$u^{min}(t) = -R^{-1}B^\top P(t)z^{min}(t) \tag{6.1.6}$$

因此, 式 (6.1.6) 是 (LQ) 问题的最优控制. 其中 $P(t)$ 是方程 (6.1.3) 的解, 我们称该方程为黎卡提方程; 此外, $z^{min}(t)$ 是控制为 $u^{min}(t)$ 时系统 (6.1.1) 的状态, 即满足

$$\frac{d}{dt}z^{min}(t) = (A - BR^{-1}B^\top P(t))z^{min}(t),\quad z^{min}(0) = z_0 \tag{6.1.7}$$

在下一节中, 我们将严格证明式 (6.1.6) 是 (LQ) 问题的唯一解.

6.2　有限时间区间上的二次最优控制

6.2.1　最优控制

在这一节, 我们将以正交投影定理为基础来分析 (LQ) 问题的解. 该方法也适用于无限维系统.

引理 6.2.1   设 Z 是希尔伯特空间，W 是 Z 的闭子空间. 则对给定的 $z_0 \in Z$, 在 W 中存在唯一 w_0, 使得

$$\|z_0 - w_0\| = \min_{w \in W} \|z_0 - w\|$$

事实上，若令 P_W 为 W 上的投影算子，则 $w_0 = P_W z_0$, $z_0 - w_0 = P_{W^\perp} z_0$.

从引理 6.2.1，容易得到以下结论：

推论 6.2.2   设 Z 是希尔伯特空间，W 是 Z 的闭子空间. 对任意的 $z_0 \in Z$, 定义

$$W_{z_0} = \{z \in Z \mid z = z_0 + w, \ \forall w \in W\}$$

则在 W_{z_0} 中存在唯一的 z_W, 使得

$$\|z_W\| = \min_{z \in W_{z_0}} \|z\|$$

进一步地，$z_W = P_{W_z^\perp} z_0$.

证明   注意到

$$\min_{z \in W_{z_0}} \|z\| = \min_{w \in W} \|z_0 + w\| = \min_{w \in W} \|z_0 - w\|$$

再结合引理 6.2.1，推论得证.   □

对任意的 $0 \leqslant t_0 < t_e < \infty$, 引入一个线性空间

$$\mathcal{X}_{t_0} = \mathbf{R}^n \times L^2([t_0, t_e], \mathbf{R}^r) \times L^2([t_0, t_e], \mathbf{R}^m)$$

对任意的 $X_j = (z_j, y_j, u_j)^\top \in \mathcal{X}_{t_0}$, $j = 1, 2$, 其内积定义为

$$\langle X_1, X_2 \rangle_{\mathcal{X}_{t_0}} = \int_{t_0}^{t_e} \left[\langle y_1, y_2 \rangle + \langle R u_1, u_2 \rangle \right] dt + \langle z_1, z_2 \rangle$$

则由 R 的正定性，容易证明 $\mathcal{X}_{t_0}$ 是一个希尔伯特空间. 定义集合 $\mathcal{Z}(z_0, t_0) \subset \mathcal{X}_{t_0}$ 为

$$\mathcal{Z}(z_0, t_0) = \left\{ \begin{bmatrix} M^{\frac{1}{2}} z(t_e) \\ y(\cdot) \\ u(\cdot) \end{bmatrix} \in \mathcal{X}_{t_0} \ \middle| \ \begin{array}{l} \forall u(\cdot) \in L^2([t_0, t_e], \mathbf{R}^m), \\ z(\cdot) = z(\cdot \, ; t_0, x_0, u(\cdot)), \ y(\cdot) = C z(\cdot) \end{array} \right\}$$

为了应用推论 6.2.2，我们证明 $\mathcal{Z}(z_0, t_0)$ 有如下性质.

引理 6.2.3 对任意 $z_0 \in Z$, $\mathcal{Z}(z_0, t_0)$ 是 $\mathcal{X}_{t_0}$ 的非空子集, 且

(i) 存在 $(M^{\frac{1}{2}}z(t_e), y, u)^{\top} \in \mathcal{Z}(z_0, t_0)$, 使得 $\mathcal{Z}(z_0, t_0) = \mathcal{Z}(0, t_0) + (M^{\frac{1}{2}}z(t_e), y, u)$.

(ii) $\mathcal{Z}(z_0, t_0)$ 是 $\mathcal{X}_{t_0}$ 的闭线性子空间.

证明 对给定 $z_0 \in \mathbf{R}^n$, 若控制 $u = 0$, 则 $(M^{\frac{1}{2}}e^{A(t_e-t_0)}z_0, Ce^{A(t-t_0)}z_0, 0)^{\top} \in \mathcal{Z}(z_0, t_0)$. 因此, $\mathcal{Z}(z_0, t_0)$ 是 $\mathcal{X}_{t_0}$ 的非空子空间.

(i) 假设 $(M^{\frac{1}{2}}z_{t_e}, y, u)^{\top}$, $(M^{\frac{1}{2}}\widetilde{z}_e, \widetilde{y}, \widetilde{u})^{\top} \in \mathcal{Z}(z_0, t_0)$, 则

$$\begin{bmatrix} M^{\frac{1}{2}}z_{t_e} \\ y \\ u \end{bmatrix} - \begin{bmatrix} M^{\frac{1}{2}}\widetilde{z}_e \\ \widetilde{y} \\ \widetilde{u} \end{bmatrix} = \begin{bmatrix} M^{\frac{1}{2}}\int_{t_0}^{t_e} B(u - \widetilde{u})(s)ds \\ y - \widetilde{y} \\ u - \widetilde{u} \end{bmatrix} \in \mathcal{Z}(0, t_0)$$

因此, 存在 $(M^{\frac{1}{2}}z_{t_e}, y, u)^{\top} \in \mathcal{Z}(z_0, t_0)$, 使得

$$\mathcal{Z}(z_0, t_0) \subset \mathcal{Z}(0, t_0) + \begin{bmatrix} M^{\frac{1}{2}}z_{t_e} \\ y \\ u \end{bmatrix}$$

类似地, 可以证明反向的包含关系.

(ii) 假设序列 $(M^{\frac{1}{2}}z^n(t_e), y^n, u^n)^{\top} \subset \mathcal{Z}(0, t_0)$ 当 $n \to \infty$ 时在 $\mathcal{X}_{t_0}$ 中收敛. 则存在 $u \in L^2([t_0, t_e], \mathbf{R}^m)$ 使得 $u^n \to u$. 令 $z(t_e) = z(t_e; t_0, 0, u)$. 则由定理 2.1.1 得到, 存在 $\omega > \omega_s(A)$, 使得

$$\|M^{\frac{1}{2}}z^n(t_e) - M^{\frac{1}{2}}z(t_e)\|$$
$$= \left\| M^{\frac{1}{2}}\int_{t_0}^{t_e} e^{A(t_e-s)}B(u^n - u)(s)ds \right\|$$
$$\leqslant \widetilde{C}\|M^{\frac{1}{2}}\| \, \|B\| \, \|u^n - u\|_{L^2([t_0, t_e], \mathbf{R}^m)} \left(\int_{t_0}^{t_e} e^{2\omega(t_e-s)}ds \right)^{\frac{1}{2}}$$
$$\leqslant C\|u^n - u\|_{L^2([t_0, t_e], \mathbf{R}^m)}$$

类似地, 令 $y(t) = Cz(t; t_0, 0, u)$. 可以证明

$$\|y^n - y\|_{L^2([t_0, t_e] \, \mathbf{R}^r)} \leqslant C\|u^n - u\|_{L^2([t_0, t_e], \mathbf{R}^m)}$$

因此,

$$(M^{\frac{1}{2}}z^n(t_e), y^n, u^n)^{\top} \to (M^{\frac{1}{2}}z(t_e), y, u)^{\top} \in \mathcal{Z}(0, t_0) \qquad \square$$

定理 6.2.4　设 $A \in \mathbf{R}^{n \times n}$, $B \in \mathbf{R}^{n \times m}$, $C \in \mathbf{R}^{r \times n}$, 系统 $\Sigma(A, B, C)$ 在有限时间区间 $[t_0, t_e]$ 上的价值函数为式 (6.1.2). 则 (LQ) 问题的解存在且唯一, 且最优控制为

$$u^{min}(t) = -R^{-1}B^{\top}\left[e^{A^{\top}(t_e-t)}Mz^{min}(t_e) + \int_t^{t_e} e^{A^{\top}(s-t)}C^{\top}Cz^{min}(s)ds\right] \quad (6.2.1)$$

其中

$$z^{min}(\cdot) = z(\cdot\,; t_0, z_0, u^{min}(\cdot))$$

证明　由价值函数以及子空间 $\mathcal{Z}(z_0, t_0)$ 和 $\mathcal{X}_{t_0}$ 的定义可知, 对于任意的 $\xi \in \mathcal{Z}(z_0, t_0)$, 存在 $u \in L^2([t_0, t_e], \mathbf{R}^m)$, 使得

$$J_{t_0, t_e}(z_0, u) = \|\xi\|^2_{\mathcal{X}(t_0)}$$

应用推论 6.2.2 和引理 6.2.3 可得 $P_{\mathcal{Z}(0,t_0)^\perp}\xi$ 存在唯一, 且

$$\min_{u \in L^2([t_0, t_e], \mathbf{R}^m)} J_{t_0, t_e}(z_0, u) = \min_{\xi \in \mathcal{Z}(z_0, t_0)} \|\xi\|^2_{\mathcal{X}(t_0)} = \|P_{\mathcal{Z}(0,t_0)^\perp}\xi\|^2_{\mathcal{X}(t_0)}$$

则 (LQ) 问题的最优控制 $u^{min}(\cdot)$ 存在唯一. 令 $z^{min}(\cdot)$, $y^{min}(\cdot)$ 分别是当初始状态为 z_0, 控制为 $u^{min}(\cdot)$ 时的系统的状态变量和输出变量. 则

$$(M^{\frac{1}{2}}z^{min}(t_e), y^{min}, u^{min})^{\top} = P_{\mathcal{Z}(0,t_0)^\perp}\xi$$

且对任意 $(M^{\frac{1}{2}}z(t_e), y, u)^{\top} \in \mathcal{Z}(0, t_0)$, 有

$$\left\langle (M^{\frac{1}{2}}z^{min}(t_e), y^{min}, u^{min})^{\top}, (M^{\frac{1}{2}}z(t_e), y, u)^{\top} \right\rangle_{\mathcal{X}(t_0)} = 0$$

结合 $\mathcal{X}(t_0)$ 上内积的定义, 可知对任意的 $u \in L^2([t_0, t_e], \mathbf{R}^m)$ 成立

$$\begin{aligned}
0 = {} & \left\langle M^{\frac{1}{2}}z^{min}(t_e),\ M^{\frac{1}{2}}\int_{t_0}^{t_e} e^{A(t_e-s)}Bu(s)ds \right\rangle \\
& + \int_{t_0}^{t_e}\left\langle Cz^{min}(s),\ C\int_{t_0}^{s} e^{A(s-\tau)}Bu(\tau)d\tau \right\rangle ds \\
& + \int_{t_0}^{t_e}\left\langle Ru^{min}(s),\ u(s) \right\rangle ds \\
= {} & \int_{t_0}^{t_e}\left\langle B^{\top}e^{A^{\top}(t_e-s)}Mz^{min}(t_e),\ u(s) \right\rangle ds
\end{aligned}$$

$$+ \int_{t_0}^{t_e} \left\langle B^\top \int_\tau^{t_e} e^{A^\top (s-\tau)} C^\top C z^{min}(s) ds,\ u(\tau) \right\rangle d\tau$$

$$+ \int_{t_0}^{t_e} \langle R u^{min}(s),\ u(s) \rangle ds$$

因此，对任意的 $t \in [t_0, t_e]$,

$$Ru^{min}(t) = -B^\top e^{A^\top (t_e - t)} M z^{min}(t_e)$$

$$-B^\top \int_t^{t_e} e^{A^\top (s-t)} C^\top C z^{min}(s) ds$$

$\square$

在定理 6.2.4 中，我们将式 (6.2.1) 所定义的函数 $u^{min}(\cdot) \doteq u_{t_0,t_e}^{min}(\cdot\,; z_0)$ 称为**最优控制**，相应的状态变量 $z^{min}(\cdot) \doteq z_{t_0,t_e}^{min}(\cdot\,; z_0)$ 称为**最优状态**，观测变量 $y^{min}(\cdot) = C z^{min}(\cdot)$ 为**最优观测**. 设时刻 t_1 满足 $t_0 \leqslant t_1 \leqslant t_e$，则有

$$J_{t_0,t_e}(z_0, u) = \int_{t_0}^{t_1} \Big[\langle y(s), y(s) \rangle + \langle Ru(s), u(s) \rangle \Big] ds + J_{t_1,t_e}(z(t_1), u) \quad (6.2.2)$$

设 $v \in L^2((t_1, t_e], \mathbf{R}^m)$ 是任意的. 定义控制函数 $u \in L^2([t_0, t_e], \mathbf{R}^m)$ 为

$$u(t) = \begin{cases} u_{t_0,t_e}^{min}(t\,; z_0), & t \in [t_0, t_1] \\ v(t), & t \in (t_1, t_e] \end{cases}$$

因此，结合 (LQ) 与式 (6.2.2) 得到

$$\int_{t_0}^{t_1} \Big[\| y_{t_0,t_e}^{min}(s\,; z_0) \|^2 + \| R^{\frac{1}{2}} u_{t_0,t_e}^{min}(s\,; z_0) \|^2 \Big] ds + J_{t_1,t_e}(z_{t_0,t_e}^{min}(t_1, z_0), u_{t_0,t_e}^{min}(t\,; z_0))$$

$$\leqslant \int_{t_0}^{t_1} \Big[\| y_{t_0,t_e}^{min}(s\,; z_0) \|^2 + \| R^{\frac{1}{2}} u_{t_0,t_e}^{min}(s\,; z_0) \|^2 \Big] ds + J_{t_1,t_e}(z_{t_0,t_e}^{min}(t_1, z_0), v)$$

则

$$J_{t_1,t_e}(z_{t_0,t_e}^{min}(t_1, z_0), u_{t_0,t_e}^{min}(t\,; z_0)) \leqslant J_{t_1,t_e}(z_{t_0,t_e}^{min}(t_1, z_0), v)$$

由于最优控制是唯一的，因此有

$$u_{t_1,t_e}^{min}(t\,; z_{t_0,t_e}^{min}(t_1, z_0)) = u_{t_0,t_e}^{min}(t\,; z_0), \quad \forall\, t \in [t_1, t_e] \quad (6.2.3)$$

和

$$z_{t_1,t_e}^{min}(t\,; z_{t_0,t_e}^{min}(t_1, z_0)) = z_{t_0,t_e}^{min}(t\,; z_0), \quad \forall\, t \in [t_1, t_e] \quad (6.2.4)$$

式 (6.2.3) 和式 (6.2.4) 意味着"整体最优蕴含部分最优"，这也是动态规划的基本思想，我们将在下一章讨论.

6.2.2　黎卡提方程

从定理 6.2.4 可知, (LQ) 问题的解存在且唯一. 而在第一节中, 通过简单的演算, 我们得到最优控制可以由黎卡提方程 (6.1.3) 的解描述. 下面我们来证明这一事实.

定理 6.2.5　设 $A \in \mathbf{R}^{n \times n}$, $B \in \mathbf{R}^{n \times m}$, $C \in \mathbf{R}^{r \times n}$, 系统 $\Sigma(A, B, C)$ 在有限时间区间 $[t_0, t_e]$ 上的价值函数为 (6.1.2). 定义映射 $P : [t_0, t_e] \to \mathbf{R}^{n \times n}$:

$$P(t)z_0 = e^{A^\top (t_e - t)} M z_{t,t_e}^{min}(t_e, z_0) + \int_t^{t_e} e^{A^\top (s-t)} C^\top C z_{t,t_e}^{min}(s, z_0) ds$$

则该映射有如下性质:

(i) (LQ) 问题的最优控制为

$$u_{t_0,t_e}^{min}(t, z_0) = -R^{-1} B^\top P(t) z_{t_0,t_e}^{min}(t, z_0) \tag{6.2.5}$$

最优价值函数为

$$\min_{u \in L^2([t_0, t_e], \mathbf{R}^m)} J_{t_0, t_e}(z_0, u) = \langle z_0, P(t_0)z_0 \rangle \tag{6.2.6}$$

(ii) $P(t)$ 是非负定的, 且对任意的 $t_0 \leqslant t_1 \leqslant t_2 \leqslant t_e$, 满足 $P(t_2) \leqslant P(t_1)$.

(iii) $P(t)$ 是黎卡提方程 (6.1.3) 的唯一对称阵解.

证明　首先, 由定理 6.2.4, (LQ) 问题存在唯一的最优控制 $u^{min}(\cdot) \doteq u_{t_0,t_e}^{min}(\cdot; z_0)$. 设相应的最优状态为 $z^{min}(\cdot) \doteq z_{t_0,t_e}^{min}(\cdot; z_0)$, 则式 (6.2.5) 成立. 另一方面, 对任意的 $t \in [t_0, t_e]$, 直接计算可得

$$\begin{aligned}
&\langle z_0, P(t_0)z_0 \rangle \\
&= \left\langle z_0, \ e^{A^\top (t_e - t_0)} M z^{min}(t_e) + \int_{t_0}^{t_e} e^{A^\top (s - t_0)} C^\top C z^{min}(s) ds \right\rangle \\
&= \langle e^{A(t_e - t_0)} z_0, \ M z^{min}(t_e) \rangle + \int_{t_0}^{t_e} \langle C e^{A(s-t_0)} z_0, \ C z^{min}(s) \rangle ds
\end{aligned} \tag{6.2.7}$$

定义

$$\xi_0 = \left(M^{\frac{1}{2}} \int_{t_0}^{t_e} e^{A(t_e - s)} B u^{min}(s) ds, \ \int_{t_0}^s C e^{A(s-\tau)} B u^{min}(\tau) d\tau, \ u^{min}(s) \right)^\top$$

$$\xi^{min} = \left(M^{\frac{1}{2}} z^{min}(t_e), \ y^{min}(s), \ u^{min}(s) \right)^\top$$

则从式 (6.2.7) 可得

$$\langle z_0, P(t_0)z_0 \rangle = J_{t_0,t_e}(z_0, u^{min}) - \langle \xi_0, \xi^{min} \rangle \tag{6.2.8}$$

显然地, $\xi_0 \in \mathcal{Z}(0, t_0)$, ξ^{min} 满足 $\|\xi^{min}\|_{\mathcal{X}_{t_0}} = \min\limits_{\xi \in \mathcal{Z}(z_0, t_0)} \|\xi\|_{\mathcal{X}_{t_0}}$. 应用引理 6.2.3 和定理 6.2.4 可得 $\langle \xi_0, \xi^{min} \rangle = 0$. 将其代入式 (6.2.8), 我们证明了式 (6.2.6). 从价值函数的定义和 (i) 容易得到 (ii).

下面证明 (iii). 首先注意到系统的最优状态满足

$$\frac{d}{dt}z^{min}(t) = (A - BR^{-1}B^\top P(t))z^{min}(t), \quad z^{min}(t_0) = z_0 \tag{6.2.9}$$

则

$$z^{min}(t, z_0) = e^{A(t-t_0)}z_0 - \int_{t_0}^t e^{A(t-s)}BR^{-1}B^\top P(s)z^{min}(s, z_0)ds \tag{6.2.10}$$

假设函数 z 满足

$$\dot{z}(t) = (A + D(t))z(t), \quad z(t_0) = z_0$$

令 $t_0 \leqslant s \leqslant t \leqslant t_e$, 引入一族函数

$$U^0(t, s) = e^{A(t-s)}$$

$$U^n(t, s) = \int_s^t e^{A(t-\tau)}D(\tau)U^{n-1}(\tau, s)d\tau, \quad n = 1, 2, \cdots$$

由定理 2.1.1, 存在 $M > 0$, $\omega > \omega_s$ 使得 $\|e^{At}\| \leqslant Me^{\omega t}$. 则通过迭代可得

$$\|U^n(t, s)\| \leqslant \frac{1}{k!}(t-s)^k C^n M^{n+1}e^{\omega(t-s)}$$

其中, $C = \max\limits_{t \in [t_0, t_e]} \|D(t)\|$. 因此, 可以定义函数

$$U(t, s) = \sum_{n=0}^\infty U^n(t, s) \tag{6.2.11}$$

则 $U(t, s)$ 是满足

$$U(t, s) = e^{A(t-s)} + \int_s^t e^{A(t-\tau)}D(\tau)U(\tau, s)d\tau$$

的唯一函数. 我们用不动点定理来证明这一点. 定义映射

$$G_s(U)(t) = e^{A(t-s)} + \int_s^t e^{A(t-\tau)}D(\tau)U(\tau, s)d\tau \tag{6.2.12}$$

则

$$\max_{t \in [t_0, t_e]} \| G_s(U_1)(t) - G_s(U_2)(t) \|$$

$$\leqslant C(t-s) \max_{t \in [t_0, t_e]} \| U_1(t,s) - U_2(t,s) \|$$

其中

$$C = \max_{t \in [t_0, t_e]} \| D(t) \| \| e^{At} \|$$

重复以上过程, 得到对任意的 $k > 1$,

$$\max_{t \in [t_0, t_e]} \| G_s^k(U_1)(t) - G_s^k(U_2)(t) \|$$

$$\leqslant \frac{1}{k!} (t-s)^k C^k \max_{t \in [t_0, t_e]} \| U_1(t,s) - U_2(t,s) \| \tag{6.2.13}$$

可以选择 k 使得 $\dfrac{1}{k!}(t-s)^k C^k < 1$. 则由压缩映射定理, 映射 $G_s(U)$ 有不动点 $U(t,s)$. 同理, 可以定义函数

$$\widetilde{U}(t,s) = \sum_{n=0}^{\infty} \widetilde{U}^n(t,s) \tag{6.2.14}$$

其中

$$\widetilde{U}^0(t,s) = e^{A(t-s)}$$

$$\widetilde{U}^n(t,s) = \int_s^t \widetilde{U}^{n-1}(t,\tau) D(\tau) e^{A(\tau-s)} d\tau, \quad n = 1, 2, \cdots$$

且 $\widetilde{U}(t,s)$ 是满足下式的唯一函数:

$$\widetilde{U}(t,s) = e^{A(t-s)} + \int_s^t \widetilde{U}(t,\tau) D(\tau) e^{A(\tau-s)} d\tau$$

直接计算可得

$$\widetilde{U}^n(t,s)$$

$$= \int_s^t U^{n-1}(t,\tau) D(\tau) e^{A(\tau-s)} d\tau$$

$$= \int_s^t \int_\tau^t e^{A(t-\sigma)} D(\sigma) U^{n-2}(\sigma,\tau) D(\tau) e^{A(\tau-s)} d\sigma d\tau$$

$$= \int_s^t \int_s^\sigma e^{A(t-\sigma)} D(\sigma) U^{n-2}(\sigma,\tau) D(\tau) e^{A(\tau-s)} d\tau d\sigma$$

$$= \int_s^t e^{A(t-\sigma)} D(\sigma) \widetilde{U}^{n-1}(\sigma, s) d\sigma$$

$$= U^n(t, s)$$

从而有 $U^n(t, s) = \widetilde{U}^n(t, s)$. 因此,

$$\int_s^t U(t, \tau) A d\tau$$

$$= \int_s^t e^{A(t-\tau)} A d\tau + \int_s^t \int_\tau^t e^{A(t-\sigma)} D(\sigma) U(\sigma, \tau) A d\sigma d\tau$$

$$= \int_s^t e^{A(t-\tau)} A d\tau + \int_s^t \int_s^\sigma U(t, \sigma) D(\sigma) e^{A(\sigma-\tau)} A d\tau d\sigma$$

$$= e^{A(t-s)} - I + \int_s^t U(t, \sigma) D(\sigma)(e^{A(\sigma-s)} - I) d\sigma$$

$$= U(t, s) - I - \int_s^t U(t, \sigma) D(\sigma) d\sigma$$

两边求导得到

$$\frac{d}{ds} U(t, s) = -U(t, s)(A + D(s))$$

若令 $D(s) = -BR^{-1}B^\top P(s)$, 则

$$z_{s,t_e}^{min}(t, z_0) = U(t, s) z_0$$

从而得到

$$\frac{d}{ds} z_{s,t_e}^{min}(t, z_0) = -U(t, s)(A - BR^{-1}B^\top P(s)) z_0$$

和

$$P(t) z_0 = e^{A^\top(t_e-t)} M U(t_e, t) z_0 + \int_t^{t_e} e^{A^\top(s-t)} C^\top C U(s, t) z_0 ds$$

综上所述,

$$\frac{d}{dt} P(t) z_0$$

$$= -A^\top e^{A^\top(t_e-t)} M U(t_e, t) z_0 - e^{A^\top(t_e-t)} M U(t_e, t)(A - BR^{-1}B^\top P(t)) z_0$$

$$- C^\top C z_0 - A^\top \int_t^{t_e} e^{A^\top(s-t)} C^\top C U(s, t) z_0 ds$$

$$- \int_t^{t_e} e^{A^\top(s-t)} C^\top C U(s, t)(A - BR^{-1}B^\top P(t)) z_0 ds$$

$$= -A^\top P(t) z_0 - P(t) A z_0 + P(t) BR^{-1}B^\top P(t) z_0 - C^\top C z_0$$

最后，从定理 6.2.4 中最优控制的唯一性和 (i)，我们得到 $P(t)$ 是黎卡提的唯一解. □

在这一节的最后，我们考虑 $[0, T]$ 上的 (LQ) 问题，并令 $\widetilde{P}(s) = P(T - s)$，则 $\widetilde{P}(\cdot)$ 满足正向时间的黎卡提方程，且有以下结论：

定理 6.2.6　设 $A \in \mathbf{R}^{n \times n}$, $B \in \mathbf{R}^{n \times m}$, $C \in \mathbf{R}^{r \times n}$，价值函数 (6.1.2) 中 $M \in \mathbf{R}^{n \times n}$ 非负定，$R \in \mathbf{R}^{m \times m}$ 正定，$t_0 = 0, t_e = T$. 考虑 $[0, T]$ 上线性系统 $\Sigma(A, B, C)$ 的 (LQ) 问题. 首先，对任意非负定矩阵 M，以下黎卡提方程在 $[0, T]$ 上有唯一的非负解：

$$
\begin{cases}
\dfrac{d}{dt}\widetilde{P}(t) = \widetilde{P}(t)A + A^\top \widetilde{P}(t) + C^\top C - \widetilde{P}(t)BR^{-1}B^\top \widetilde{P}(t) \\[2mm]
\widetilde{P}(0) = M
\end{cases}
\tag{6.2.15}
$$

此外，

$$
\min_{u \in L^2([0, T],\, \mathbf{R}^m)} J_{0,T}(z_0,\, u) = \langle z_0,\, \widetilde{P}(t)z_0 \rangle
\tag{6.2.16}
$$

其中最优控制为

$$
u^{min}(t) = -R^{-1}B^\top \widetilde{P}(T - t)z^{min}(t)
\tag{6.2.17}
$$

最优轨迹 z^{min} 满足

$$
\begin{cases}
\dfrac{d}{dt}z^{min}(t) = \left(A - BR^{-1}B^\top \widetilde{P}(T - t)\right)z^{min}(t) \\[2mm]
z^{min}(0) = z_0
\end{cases}
\tag{6.2.18}
$$

6.3　伴　随　系　统

6.3.1　最优输出反馈控制

在 6.2 节中我们讨论了 (LQ) 问题的解，其中的控制器是状态反馈控制. 在这一节，我们将讨论最优控制的其他设计法则，包括输出反馈控制以及基于伴随系统的控制器等. 在证明主要结论时，我们需要以下引理.

引理 6.3.1　假设 X_1, X_2 是希尔伯特空间，有界线性算子 $\mathcal{T} : \mathcal{D}(\mathcal{T}) = X_1 \to X_2$ 的值域 $\mathcal{R}(\mathcal{T})$ 是闭的，且 $\mathcal{T}^*\mathcal{T}$ 可逆. 则对给定的 $z \in X_2$，有

$$
\min_{w \in X_1} \|z - \mathcal{T}w\| = \|z - \mathcal{T}\widehat{w}\| = \|z\|^2 - \langle \mathcal{T}(\mathcal{T}^*\mathcal{T})^{-1}\mathcal{T}^* z,\, z \rangle
\tag{6.3.1}
$$

其中，$\mathcal{T}\widehat{w} = P_{\mathcal{R}(\mathcal{T})}z = T(T^*T)^{-1}T^* z.$

证明 令 $P_{\mathcal{R}(\mathcal{T})}$ 为 $\mathcal{R}(\mathcal{T})$ 上的投影算子, 则对任意的 $z \in X_2, w \in X_1$,

$$0 = \langle z - P_{\mathcal{R}(\mathcal{T})}z, \mathcal{T}w \rangle = \langle \mathcal{T}^*z - \mathcal{T}^*P_{\mathcal{R}(\mathcal{T})}z, w \rangle \tag{6.3.2}$$

从而有

$$\mathcal{T}^*z = \mathcal{T}^*P_{\mathcal{R}(\mathcal{T})}z \tag{6.3.3}$$

由于 $\mathcal{R}(\mathcal{T})$ 闭, 则 $P_{\mathcal{R}(\mathcal{T})}z \in \mathcal{R}(\mathcal{T})$, 即存在 $\widehat{w} \in \mathcal{D}(\mathcal{T})$, 使得

$$P_{\mathcal{R}(\mathcal{T})}z = \mathcal{T}\widehat{w} \tag{6.3.4}$$

将式 (6.3.4) 代入式 (6.3.3) 得到

$$\mathcal{T}^*z = \mathcal{T}^*\mathcal{T}\widehat{w} \tag{6.3.5}$$

由于 $(\mathcal{T}^*\mathcal{T})^{-1}$ 存在. 则由式 (6.3.5) 知 $\widehat{w} = (\mathcal{T}^*\mathcal{T})^{-1}\mathcal{T}^*z$. 再结合式 (6.3.4),

$$P_{\mathcal{R}(\mathcal{T})}z = \mathcal{T}(\mathcal{T}^*\mathcal{T})^{-1}\mathcal{T}^*z \tag{6.3.6}$$

因此, 由引理 6.2.1 和式 (6.3.6) 得到

$$\begin{aligned}
\min_{w \in X_1} \|z - \mathcal{T}w\| &= \|z - P_{\mathcal{R}(\mathcal{T})}z\| \\
&= \|z\|^2 - \langle P_{\mathcal{R}(\mathcal{T})}z, z \rangle \\
&= \|z\|^2 - \langle \mathcal{T}(\mathcal{T}^*\mathcal{T})^{-1}\mathcal{T}^*z, z \rangle
\end{aligned} \tag{6.3.7}$$

$\square$

在有限时间区间 $[t_0, t_e]$ 上考虑线性系统 (5.1.3), 则其输出为

$$y(t) = Ce^{A(t-t_0)}z_0 + Fu(t)$$

其中, F 是输入输出映射

$$(Fu)(t) = \int_{t_0}^{t} Ce^{A(t-s)}Bu(s)ds \tag{6.3.8}$$

设 $u \in L^2([t_0, t_e]; U), y \in L^2([t_0, t_e]; Y)$, 则

$$\begin{aligned}
\langle Fu, y \rangle &= \int_{t_0}^{t_e} \left\langle \int_{t_0}^{t} Ce^{A(t-s)}Bu(s)ds, y(t) \right\rangle dt \\
&= \int_{t_0}^{t_e} \int_{s}^{t_e} \langle u(s), B^\top e^{A^\top(t-s)}C^\top y(t) \rangle dt ds \\
&= \int_{t_0}^{t_e} \langle u(s), F^*y(s) \rangle ds
\end{aligned}$$

因此

$$(F^*y)(t) = \int_t^{t_e} B^\top e^{A^\top(s-t)} C^\top y(s) ds \tag{6.3.9}$$

定理 6.3.2　设 $A \in \mathbf{R}^{n \times n}$, $B \in \mathbf{R}^{n \times m}$, $C \in \mathbf{R}^{r \times n}$, 系统 $\Sigma(A, B, C)$ 在 $[t_0, t_e]$ 上的价值函数 (6.1.2) 中 $M = 0$, $R = I$, 即

$$\widetilde{J}_{t_0, t_e}(z_0, u) = \int_{t_0}^{t_e} \Big[\langle y(s), y(s) \rangle + \langle u(s), u(s) \rangle \Big] ds \tag{6.3.10}$$

令 F 是如式 (6.3.8) 所定义的输入输出映射. 则

$$\min_{u \in L^2([t_0, t_e], \mathbf{R}^m)} \widetilde{J}_{t_0, t_e}(z_0, u)$$

$$= \langle Ce^{A(t-t_0)} z_0, (I + FF^*)^{-1} Ce^{A(t-t_0)} z_0 \rangle_{L^2([t_0, t_e], \mathbf{R}^r)}$$

其中, 最优控制为

$$u^{min}(t) = -F^* y^{min}(t) \tag{6.3.11}$$

证明　定义希尔伯特空间

$$\widetilde{\mathcal{X}}_{t_0} = L^2([t_0, t_e], \mathbf{R}^r) \times L^2([t_0, t_e], \mathbf{R}^m)$$

对任意的 $X_j = (y_j, u_j)^\top \in \mathcal{X}_{t_0}$, $j = 1, 2$, 其内积为

$$\langle X_1, X_2 \rangle_{\widetilde{\mathcal{X}}_{t_0}} = \int_{t_0}^{t_e} \Big[\langle y_1, y_2 \rangle + \langle u_1, u_2 \rangle \Big] dt$$

令映射 $\mathcal{T} : L^2([t_0, t_e], \mathbf{R}^m) \to \widetilde{\mathcal{X}}_{t_0}$ 为

$$\mathcal{T}u = -\begin{bmatrix} u \\ Fu \end{bmatrix}, \quad \forall u \in L^2([t_0, t_e], \mathbf{R}^m) \tag{6.3.12}$$

则价值函数为式 (6.3.10) 的 (LQ) 问题可写为

$$\min_{u \in L^2([t_0, t_e], \mathbf{R}^m)} \widetilde{J}_{t_0, t_e}(z_0, u)$$

$$= \min_{u \in L^2([t_0, t_e], \mathbf{R}^m)} \left\| \begin{bmatrix} 0 \\ Ce^{A(t-t_0)} z_0 \end{bmatrix} - \mathcal{T}u \right\|_{\widetilde{\mathcal{X}}_{t_0}}$$

显然, $\mathcal{T}^*\mathcal{T} = F^*F + I$ 是可逆的. 应用引理 6.3.1 得到

$$u^{min} = (\mathcal{T}^*\mathcal{T})^{-1} \mathcal{T}^* \begin{bmatrix} 0 \\ Ce^{A(t-t_0)} z_0 \end{bmatrix} \tag{6.3.13}$$

$$= -(I + F^*F)^{-1} F^* Ce^{A(t-t_0)} z_0$$

从而有

$$u^{min} = -F^*Fu^{min} - F^*Ce^{A(t-t_0)}z_0 = -F^*y^{min}$$

则式 (6.3.11) 得证. 注意 $y^{min} = Ce^{A(t-t_0)}z_0 + Fu^{min}$, 结合式 (6.3.11) 得到

$$y^{min} = (I + F^*F)^{-1}Ce^{A(t-t_0)}z_0 \tag{6.3.14}$$

将上式和式 (6.3.11) 代入式 (6.3.10),

$$\min_{u \in L^2([t_0, t_e], \mathbf{R}^m)} \widetilde{J}_{t_0, t_e}(z_0, u)$$

$$= \|u^{min}\|^2_{L^2([t_0, t_e], \mathbf{R}^m)} + \|y^{min}\|^2_{L^2([t_0, t_e], \mathbf{R}^r)}$$

$$= \langle (I + FF^*)y^{min}, y^{min} \rangle_{L^2([t_0, t_e], \mathbf{R}^r)}$$

$$= \langle Ce^{A(t-t_0)}z_0, (I + FF^*)^{-1}Ce^{A(t-t_0)}z_0 \rangle_{L^2([t_0, t_e], \mathbf{R}^r)}$$

$$\square$$

6.3.2 伴随系统

从定理 6.3.2 可知, 若价值函数 (6.1.2) 中 $M = 0$, (LQ) 问题的最优控制可由 F^* 表述. 令

$$\xi(t) = \int_t^{t_e} e^{A^\top(s-t)}C^\top y(s)ds$$

则变量 ξ 满足以下系统:

$$\frac{d}{dt}\xi(t) = -A^\top\xi(t) - C^\top y(s), \quad \xi(t_e) = 0 \tag{6.3.15}$$

且满足

$$\xi(t) = B^\top(F^*y)(t)$$

则从式 (6.3.11) 可知, (LQ) 问题的最优控制可以表示为

$$u^{min}(t) = -B^\top\xi^{min}(t) \tag{6.3.16}$$

我们将式 (6.3.15) 和式 (6.3.16) 称为系统 $\Sigma(A, B, C)$ 的**伴随系统**. 综上所述, (LQ) 问题的最优状态变量 $z^{min}(t)$ 和伴随系统的状态 $\xi(t)$ 满足

$$\frac{d}{dt}z^{min}(t) = Az^{min}(t) - BR^{-1}B^\top\xi(t), \quad z(t_0) = z_0 \tag{6.3.17}$$

$$\frac{d}{dt}\xi(t) = -A^\top\xi(t) - C^\top Cz^{min}(t), \quad \xi(t_e) = 0 \tag{6.3.18}$$

此外,

$$\frac{d}{dt}\langle z^{min}(t),\ \xi(t)\rangle = \langle Az^{min}(t) - BR^{-1}B^\top \xi(t),\ \xi(t)\rangle$$

$$+ \langle z^{min}(t),\ -A^\top \xi(t) - C^\top C z^{min}(t)\rangle$$

$$= -\langle R^{-1}B^\top \xi(t),\ B^\top \xi(t)\rangle - \|C z^{min}(t)\|^2$$

从 t_0 到 t_e 积分得到

$$\langle z_0, \xi(t_0)\rangle = \int_{t_0}^{t_e} [\langle R^{-1}B^\top \xi(t),\ B^\top \xi(t)\rangle + \|C z^{min}(t)\|^2] dt$$

因此, 结合定理 6.3.2, 我们得到以下结论.

定理 6.3.3　设 $A \in \mathbf{R}^{n\times n}$, $B \in \mathbf{R}^{n\times m}$, $C \in \mathbf{R}^{r\times n}$, 系统 $\Sigma(A, B, C)$ 在 $[t_0, t_e]$ 上的价值函数为 (6.1.2), 其中 $M = 0$, 即

$$\widehat{J}_{t_0,\, t_e}(z_0, u) = \int_{t_0}^{t_e} \Big[\langle y(s), y(s)\rangle + \langle Ru(s), u(s)\rangle\Big] ds$$

则问题 (6.3.18) 在区间 $[t_0, t_e]$ 上有唯一解. 对任意的 $z_0 \in Z$, 存在唯一的 $u^{min}(\cdot)$, 使得

$$\min_{u\in L^2([t_0, t_e], U)} J_{t_0,\, t_e}(z_0, u) = (z_0,\ \xi(t_0))$$

其中, 变量 $\xi(t)$ 满足伴随系统 (6.3.18). 此外, 最优控制为

$$u^{min}(t) = -B^\top \xi(t)$$

6.4　无限区间上的最优控制

在 6.1~6.3 节, 我们讨论了有限时间区间上的最优控制问题. 本节将讨论无限时间区间上的二次最优控制问题. 设 $R \in \mathbf{R}^{n\times n}$ 是正定矩阵, 定义系统 (6.1.1) 在 $[0, \infty)$ 上的价值函数为

$$J(z_0,\ u) = \int_0^\infty \Big[\langle y(s), y(s)\rangle + \langle Ru(s), u(s)\rangle\Big] ds \tag{6.4.1}$$

设初始状态 $z_0 \in \mathbf{R}^n$ 是任意的, 若存在控制 $u \in L^2([0, \infty); \mathbf{R}^m)$ 使得价值函数 (6.4.1) 有限, 则称线性系统 (6.1.1) 是**可最优化的**. 若系统可最优化, 且控制 $u^{min}(\cdot)$ 满足

$$J(z_0, u^{min}) = \min_{u\in L^2([0,\infty),\mathbf{R}^m)} J(z_0, u) \tag{LQ*}$$

则称 $u^{min}(\cdot)$ 是无穷区间上的**二次最优控制问题** (LQ*)问题的解.

本节我们假设系统 $\Sigma(A, B, C)$ 能稳, 即存在反馈控制矩阵 K, 以及控制 $u = Kz$, 使得

$$\|z(t)\| \leqslant M\|z_0\|e^{-\alpha t}, \quad M, \alpha > 0, \quad \forall t \geqslant 0$$

则存在正常数 C, 使得价值函数满足

$$J(z_0, u) = \int_0^\infty \left[\|Cz(s)\|^2 + \langle RKz(s), Kz(s)\rangle\right]ds$$
$$\leqslant C\|z_0\|^2 \tag{6.4.2}$$

因此, 能稳的系统是可最优化的. 反之, 若 $\Sigma(A, B, C)$ 不能稳, 则不一定可最优化, 譬如以下系统:

$$\begin{cases} \dfrac{d}{dt}z = \begin{bmatrix} 1 & 0 \\ 0 & 0 \end{bmatrix} z + \begin{bmatrix} 0 \\ 1 \end{bmatrix} u, \quad z(0) = \begin{bmatrix} z_{01} \\ z_{02} \end{bmatrix} \\ \\ y = \begin{bmatrix} 1 & 0 \end{bmatrix} z \end{cases}$$

是不能稳的, 容易得到其输出为 $y = e^t z_{01}$. 则

$$\int_0^\infty (\|y(s)\|^2 + \|u(s)\|^2)ds \geqslant \int_0^\infty e^{2t}|z_{01}|^2 ds \to \infty$$

因此, 系统是不可最优化的.

定理 6.4.1　设 $A \in \mathbf{R}^{n \times n}$, $B \in \mathbf{R}^{n \times m}$, $C \in \mathbf{R}^{r \times n}$, 系统 $\Sigma(A, B, C)$ 在 $[0, \infty)$ 上的价值函数为 (6.4.1), 其中矩阵 $R \in \mathbf{R}^{m \times m}$ 正定. 若系统 $\Sigma(A, B, C)$ 能稳, 则代数黎卡提方程

$$PA + A^\top P + C^\top C - PBR^{-1}B^\top P = 0 \tag{6.4.3}$$

存在唯一非负解 P. 此外, 对任意初值 $z_0 \in \mathbf{R}^n$, 系统 $\Sigma(A, B, C)$ 的 (LQ*) 问题的解为

$$u^{min}(t; z_0) = -R^{-1}B^\top P e^{(A - BR^{-1}B^\top P)t} z_0 \tag{6.4.4}$$

且

$$\min_{u \in L^2([0,\infty); \mathbf{R}^m)} J(z_0, u) = \langle Pz_0, z_0\rangle \tag{6.4.5}$$

证明　对任意 $t > 0$, 应用定理 6.2.6 可知, 方程 (6.2.15) 当 $M = 0$ 时有唯一非负解 $P(t)$, 且对任意的 $z_0 \in \mathbf{R}^n$, 有

$$\langle P(t)z_0, z_0\rangle = \min_{u \in L^2([0, t], \mathbf{R}^m)} \int_0^t \left[\|y(s)\|^2 + \langle Ru(s), u(s)\rangle\right]ds \tag{6.4.6}$$

则当 $t_1 < t_2$ 时，$P(t_1) < P(t_2)$. 另一方面，由于 $\Sigma(A, B, C)$ 能稳, 通过与式 (6.4.2) 同样的分析，并结合式 (6.4.6) 得到

$$\langle P(t)z_0,\, z_0\rangle \leqslant C\|z_0\|^2, \quad C > 0, \ \forall\, t \geqslant 0$$

因此，极限 $\lim\limits_{t\to\infty} P(t)$ 存在，将其记为 P, 结合定理 6.2.6 的结论得到式 (6.4.4) 和式 (6.4.5). $\qquad\square$

定理 6.4.2　设 $A \in \mathbf{R}^{n\times n}$, $B \in \mathbf{R}^{n\times m}$, $C \in \mathbf{R}^{r\times n}$, 系统 $\Sigma(A, B, C)$ 能稳、能检测. 若矩阵 $R \in \mathbf{R}^{m\times m}$ 正定, 则代数黎卡提方程 (6.4.3) 存在唯一正定解 P, 且矩阵 $A - BR^{-1}B^\top P$ 稳定.

证明　首先，从定理 6.4.1 可知代数黎卡提方程 (6.2.15) 的解存在、唯一且是正定的. 显然

$$(A - BR^{-1}B^\top P)^\top P + P(A - BR^{-1}B^\top P)$$
$$+ \begin{bmatrix} C \\ R^{-\frac{1}{2}}B^\top P \end{bmatrix}^\top \begin{bmatrix} C \\ R^{-\frac{1}{2}}B^\top P \end{bmatrix} = 0 \tag{6.4.7}$$

令

$$\widetilde{A} = A - BR^{-1}B^\top P, \quad \widetilde{C} = \begin{bmatrix} C \\ R^{-\frac{1}{2}}B^\top P \end{bmatrix}$$

代入式 (6.4.7) 可知，以下李雅普诺夫方程有唯一正定解 P,

$$\widetilde{A}^\top P + P\widetilde{A} + \widetilde{C}^\top \widetilde{C} = 0 \tag{6.4.8}$$

下面证明 $\widetilde{A}$ 的稳定性. 假设复数 λ 和向量 $w \neq 0$ 满足

$$\widetilde{A}w = (A - BR^{-1}B^\top P)w = \lambda w \tag{6.4.9}$$

从式 (6.4.8) 和式 (6.4.9) 得到

$$-\|\widetilde{C}w\|^2 = \langle \widetilde{A}^\top Pw + P\widetilde{A}w,\, w\rangle$$
$$= 2Re\,\lambda\,\langle Pw,\, w\rangle \tag{6.4.10}$$

由于 P 正定, 因此 $Re\,\lambda \leqslant 0$. 若 $Re\,\lambda = 0$, 则从式 (6.4.10) 可知 $\|\widetilde{C}w\| = 0$. 注意到由系统 $\Sigma(A, B, C)$ 的能检测性可得系统 $\Sigma(\widetilde{A}, -, \widetilde{C})$ 的能检测性, 应用引理 5.2.1, 我们得到 $Re\,\lambda < 0$. 综上所述, $\widetilde{A} = A - BR^{-1}B^\top P$ 的特征值均属于 $\mathbf{C}^-$, 从而是稳定的矩阵. $\qquad\square$

第7章 极大值原理与动态规划

本章主要介绍极大值原理和动态规划. 它们是研究最优控制问题的经典方法. 前者是古典变分法的推广。后者的主要思路是将动态最优化问题转换为一列最优化问题, 它们按照时间的发展紧密联系, 并遵循微分（差分）方程.

7.1 极大值原理

7.1.1 问题的提出

极大值原理是对分析力学中古典变分法的推广, 本节将给出极大值原理及其证明, 并讨论它与线性系统的二次最优控制之间的关系. 设系统的状态方程为

$$\begin{cases} \dfrac{d}{dt}z(t) = f(t, z(t), u(t)) \\ z(t_0) = z_0 \end{cases} \tag{7.1.1}$$

其中, $t \in [t_0, t_e]$, $0 \leqslant t_0 \leqslant t_e$, f 是从 $[t_0, t_e] \times \mathbf{R}^n \times \mathbf{R}^m$ 到 $\mathbf{R}^n$ 的映射, $z(\cdot): [t_0, t_e] \to \mathbf{R}^n$ 是状态变量. 设 U 是 $\mathbf{R}^m$ 中给定的可分非空子集, 它描述了对控制的约束. 定义**允许控制集合**

$$\mathcal{U}_{t_0, t_e} \doteq \{u(\cdot): [t_0, t_e] \to \mathbf{R}^m \mid u(\cdot) \in U \text{ 有界可积} \} \tag{7.1.2}$$

设 $q: [t_0, t_e] \times \mathbf{R}^n \times U \to \mathbf{R}^+$, $p: \mathbf{R}^n \to \mathbf{R}^+$ 是合适的映射. 系统 (7.1.1) 的**价值函数**（指标函数）定义为

$$J_{t_0, t_e}(z_0, u) = \int_{t_0}^{t_e} q(t, z(t), u(t))dt + p(z(t_e)) \tag{7.1.3}$$

其中, $q(t, z, u)$ 描述了系统的瞬时性能指标, 式 (7.1.3) 右边第一个积分项表达系统的轨迹指标, $p(z)$ 是终端性能指标.

我们考虑以下最优控制问题: 对任意初始状态 z_0, 寻找控制 $u^{min}(\cdot) \in \mathcal{U}_{t_0, t_e}$, 使得系统 (7.1.1) 的价值函数 (7.1.3) 达到最小, 即

$$J_{t_0,t_e}(z_0, u^{min}) = \inf_{u(\cdot) \in \mathcal{U}_{t_0,t_e}} J_{t_0,t_e}(z_0, u) \qquad (P_{t_0,z_0})$$

首先，我们引入几个有用的结论. 以下引理给出了系统 (7.1.1) 的适定性.

引理 7.1.1　设映射 $f : [t_0, t_e] \times \mathbf{R}^n \times U \to \mathbf{R}^n$ 可测，满足

$$\|f(t, 0, u)\| \leqslant C, \quad \forall\, t \in [t_0, t_e],\ u \in U \qquad (7.1.4)$$

且存在一个定义在 $[0, \infty)$ 上，零点处为零的连续单增函数 $c(\cdot)$，使得对任意的 $t \in [t_0, t_e]$, z^1, $z^2 \in \mathbf{R}^n$, u^1, $u^2 \in U$, 有

$$\|f(t, z^1, u^1) - f(t, z^2, u^2)\| \leqslant C\|z^1 - z^2\| + c(t)\|u^1 - u^2\| \qquad (7.1.5)$$

则系统 (7.1.1) 有唯一解 $z(\cdot) = z(\cdot; t_0, z_0, u)$.

引理 7.1.2　设 $\alpha < \beta$, $a < b$, $f(\cdot, \cdot)$ 是从 $[\alpha, \beta] \times [a, b]$ 到 $\mathbf{R}^n$ 上的映射. 若对任意的 $t \in [\alpha, \beta]$, $f(t, \cdot) : [a, b] \to \mathbf{R}^n$ 可积，且

$$\lim_{t \to t_0} \int_a^b \|f(t, s) - f(t_0, s)\| ds = 0$$

则对任意 $\varrho \in (0, 1)$ 和正数 ε，存在可测集 $E_{\varrho,\varepsilon} \subseteq [a, b]$ 使得

$$|E_{\varrho,\varepsilon}| = \varrho(b - a)$$

$$\left\| \varrho \int_a^b f(t, s) ds - \int_{E_{\varrho,\varepsilon}} f(t, s) ds \right\| < \varepsilon, \quad \forall\, t \in [\alpha, \beta]$$

其中，$|\cdot|$ 表示集合的勒贝格测度.

引理 7.1.3　考虑 $[t_0, t_e]$ 上的常微分方程

$$\begin{cases} \dfrac{d}{dt} z(t) = f(t,\ z(t)) \\[2mm] z(t_0) = z_0 \in \mathbf{R}^n \end{cases} \qquad (7.1.6)$$

设映射 $f : [t_0, t_e] \times \mathbf{R}^n \to \mathbf{R}^n$ 可测，$f(\cdot, 0) \in L^1([t_0, t_e]; \mathbf{R}^n)$，且存在常数 $M > 0$ 使得对任意的 $t \in (t_0, t_e)$ 和 z^1, $z^2 \in \mathbf{R}^n$,

$$\|f(t, z^1) - f(t, z^2)\| \leqslant M\|z^1 - z^2\|$$

则对任意的 $z_0 \in \mathbf{R}^n$, 式 (7.1.6) 存在唯一的解 $z \in C([t_0, t_e]; \mathbf{R}^n)$, 且满足

$$z(t) = z_0 + \int_{t_0}^t f(\tau, z(\tau)) d\tau$$

引理 7.1.4 考虑 $[t_0, t_e]$ 上的含参数 $\lambda \in (0, 1]$ 的常微分方程

$$
\begin{cases}
\dfrac{d}{dt} z^\lambda(t) = f^\lambda(t, z^\lambda(t)) \\[2mm]
z^\lambda(t_0) = z_0^\lambda \in \mathbf{R}^n
\end{cases}
\tag{7.1.7}
$$

其中，映射 $f^\lambda : [t_0, t_e] \times \mathbf{R}^n \to \mathbf{R}^n$ 可测，存在与 λ 无关的 $\beta(\cdot) \in L^1([t_0, t_e], \mathbf{R}^n)$ 和常数 $M > 0$ 使得对任意的 $t \in [t_0, t_e]$, $z^1, z^2 \in \mathbf{R}^n$, 有

$$
\|f^\lambda(t, 0)\| \leqslant \beta(t)
$$

$$
\|f^\lambda(t, z^1) - f^\lambda(t, z^2)\| \leqslant M \|z^1 - z^2\|
$$

此外，映射 f 满足引理 7.1.3 的条件，且对任意的 $t \in [t_0, t_e]$, $z \in \mathbf{R}^n$, 有

$$
\lim_{\lambda \to 0^+} \int_{t_0}^t f^\lambda(s, z) ds = \int_{t_0}^t f(s, z) ds
$$

若 $z(\cdot)$, $z^\lambda(\cdot)$ 分别是式 (7.1.6) 和式 (7.1.7) 的解，且初值满足 $\displaystyle\lim_{\lambda \to 0^+} \|z_0^\lambda - z_0\| = 0.$
则

$$
\lim_{\lambda \to 0^+} \max_{t \in [t_0, t_e]} \|z^\lambda(t) - z(t)\| = 0.
$$

最后，我们定义一些记号. 若函数 $g : \mathbf{R}^n \to \mathbf{R}$, $f : \mathbf{R}^n \to \mathbf{R}^n$ 是连续可微的，我们记述

$$
g_z \doteq \frac{\partial g}{\partial z} = \begin{bmatrix} \dfrac{\partial g}{\partial z_1} \\[2mm] \dfrac{\partial g}{\partial z_2} \\[2mm] \vdots \\[2mm] \dfrac{\partial g}{\partial z_n} \end{bmatrix}
$$

$$
f_z \doteq \frac{\partial f}{\partial z} = \begin{bmatrix} \dfrac{\partial f_1}{\partial z_1} & \dfrac{\partial f_2}{\partial z_1} & \cdots & \dfrac{\partial f_n}{\partial z_1} \\[2mm] \dfrac{\partial f_1}{\partial z_2} & \dfrac{\partial f_2}{\partial z_2} & \cdots & \dfrac{\partial f_n}{\partial z_2} \\[2mm] \vdots & \vdots & \ddots & \vdots \\[2mm] \dfrac{\partial f_1}{\partial z_n} & \dfrac{\partial f_2}{\partial z_n} & \cdots & \dfrac{\partial f_n}{\partial z_n} \end{bmatrix}
$$

7.1.2　极大值原理

首先, 我们讨论当控制空间是全空间时的情形.

定理 7.1.5　考虑 $[0,\ T]$ 上的系统 (7.1.1), 其价值函数如 (7.1.3) 所定义. 设 $U = \mathbf{R}^m$, f, q, p 关于 t 可积, 关于 z 和 u 是一阶连续可微的, 且各个偏导数一致有界. 若控制函数 $u^{min}(\cdot)$ 及相应的状态 $z^{min}(\cdot) = z^{min}(\cdot; 0, z_0, u^{min})$ 使价值函数 (7.1.3) 达到极小. 则存在函数 $\phi(\cdot): [0, T] \to \mathbf{R}^n$ 满足

$$\begin{cases} \dfrac{d}{dt}\phi = -f_z(t, z^{min}, u^{min})\phi + q_z(t, z^{min}, u^{min}) \\[2mm] \phi(T) = -p_z(z^{min}(T)) \end{cases} \tag{7.1.8}$$

和

$$f_u(t, z^{min}, u^{min})\phi - q_u(t, z^{min}, u^{min}) = 0, \quad a.e.\ t \in [0, T] \tag{7.1.9}$$

证明　取有界函数 $v(\cdot) \in \mathcal{U}_{0,T}$. 则对任意的实数 ε, 有 $u_\varepsilon^{min}(\cdot) \doteq u^{min}(\cdot) + \varepsilon v(\cdot) \in \mathcal{U}_{0,T}$. 记相应的状态为 $z_\varepsilon^{min}(\cdot) = z_\varepsilon^{min}(\cdot; 0, z_0, u_\varepsilon^{min})$. 则

$$\begin{aligned} &\frac{d}{dt}\frac{z_\varepsilon^{min}(t) - z^{min}(t)}{\varepsilon} \\ &= \frac{1}{\varepsilon}\left[f(t, z_\varepsilon^{min}, u_\varepsilon^{min}) - f(t, z^{min}, u^{min})\right] \\ &= \frac{1}{\varepsilon}\int_0^1 \frac{d}{d\theta}f(t, z^{min} + \theta(z_\varepsilon^{min} - z^{min}),\ u^{min} + \theta\varepsilon v)d\theta \\ &= \int_0^1 f_z(t, z^{min} + \theta(z_\varepsilon^{min} - z^{min}), u^{min} + \theta\varepsilon v)^\top \frac{z_\varepsilon^{min} - z^{min}}{\varepsilon}d\theta \\ &\quad + \int_0^1 f_u(t, z^{min} + \theta(z_\varepsilon^{min} - z^{min}), u^{min} + \theta\varepsilon v)^\top vd\theta \end{aligned} \tag{7.1.10}$$

上式两边从 0 到 t 积分, 由于函数 f 的各个偏导数一致有界, 因而存在正常数 C 使得对任意的 $t \in [0, T]$,

$$\left\|\frac{z_\varepsilon^{min}(t) - z^{min}(t)}{\varepsilon}\right\| \leqslant C\int_0^t \left(\left\|\frac{z_\varepsilon^{min}(s) - z^{min}(s)}{\varepsilon}\right\| + \|v(s)\|\right)ds$$

因此, 应用引理 2.4.5, $\dfrac{z_\varepsilon^{min}(t) - z^{min}(t)}{\varepsilon}$ 在 $[0, T]$ 上一致有界. 从而有

$$\lim_{\varepsilon \to 0} z_\varepsilon^{min}(t) = \lim_{\varepsilon \to 0}\left(z^{min}(t) + \varepsilon\frac{z_\varepsilon^{min}(t) - z^{min}(t)}{\varepsilon}\right) = z^{min}(t) \tag{7.1.11}$$

由引理 7.1.4, 得到

$$\lim_{\varepsilon \to 0} \left\| \frac{z_\varepsilon^{min}(\cdot) - z^{min}(\cdot)}{\varepsilon} - \delta z^{min}(\cdot) \right\|_{C(0,T)} = 0$$

其中, $\delta z^{min}(\cdot)$ 满足

$$\begin{cases} \dfrac{d}{dt} \delta z^{min}(t) = f_z(t, z^{min}, u^{min})^\top \delta z^{min}(t) + f_u(t, z^{min}, u^{min})^\top v(t) \\ \delta z^{min}(0) = 0 \end{cases} \quad (7.1.12)$$

设 ϕ 满足式 (7.1.8), 则结合上式可得

$$\frac{d}{dt}\langle \phi,\ \delta z^{min} \rangle$$

$$= \left\langle \frac{d}{dt}\phi,\ \delta z^{min} \right\rangle + \left\langle \phi,\ \frac{d}{dt}\delta z^{min} \right\rangle$$

$$= \left\langle -f_z(t, z^{min}, u^{min})\phi + q_z(t, z^{min}, u^{min}),\ \delta z^{min} \right\rangle$$

$$\quad + \left\langle \phi,\ f_z(t, z^{min}, u^{min})^T \delta z^{min}(t) + f_u(t, z^{min}, u^{min})^T v(t) \right\rangle$$

$$= \left\langle q_z(t, z^{min}, u^{min}),\ \delta z^{min} \right\rangle + \left\langle \phi,\ f_u(t, z^{min}, u^{min})^T v \right\rangle$$

从而有

$$\frac{1}{\varepsilon}\left[J_{0,T}(z_0, u_\varepsilon^{min}) - J_{0,T}(z_0, u^{min}) \right]$$

$$= \frac{1}{\varepsilon}\int_0^T \left[q(t, z_\varepsilon^{min}, u_\varepsilon^{min}) - q(t, z^{min}, u^{min}) \right]dt$$

$$\quad + \frac{1}{\varepsilon}\left[p(z_\varepsilon^{min}(T)) - p(z^{min}(T)) \right]$$

$$= \int_0^T \left[q_z(t, z^{min}, u^{min})^T \delta z^{min} + q_u(t, z^{min}, u^{min})^T v \right]dt$$

$$\quad + p_z(z^{min}(T))^T \delta z^{min}(T) \quad (7.1.13)$$

$$= \int_0^T \left[\frac{d}{dt}\langle \phi,\ \delta z^{min} \rangle - \langle \phi,\ f_u(t, z^{min}, u^{min})^T v \rangle \right.$$

$$\quad \left. + q_u(t, z^{min}, u^{min})^T v \right]dt + p_z(z^{min}(T))^T \delta z^{min}(T)$$

$$= \int_0^T \left[-\langle f_u(t, z^{min}, u^{min})\phi + q_u(t, z^{min}, u^{min}),\ v \rangle \right]dt$$

最后, 从式 (7.1.13) 以及 v 的任意性得到式 (7.1.9). $\qquad\qquad \square$

上面的结论中, 假设 U 是全空间 $\mathbf{R}^m$. 一般来说, 控制集合 U 是全空间的真子集合. 对于任意的 $v \in \mathcal{U}_{t_0,t_e}$, 系统 (7.1.1) 的状态变量 $z(\cdot; t_0, z_0, v)$ 在 $[t_0, t_e]$ 上不

一定存在, 则定理 7.1.5 的证明中引入的 $z_\varepsilon^{min}(\cdot)$ 也不一定存在. 因此, 我们引入针状变分. 具体地, 若函数 $f(\cdot, z(\cdot), v(\cdot)) - f(\cdot, z(\cdot), u(\cdot))$ 在 $[0, T]$ 上可积, 则由引理 7.1.2, 对于任意的 $\varepsilon \in (0, 1)$, 存在 $E_\varepsilon \subset [0, T]$ 满足 $|E_\varepsilon| = \varepsilon T$, 且有

$$
\begin{aligned}
&\varepsilon \int_0^t [f(s, z, v) - f(s, z, u)] ds \\
&= \int_{E_\varepsilon \cap [0, t]} [f(s, z, v) - f(s, z, u)] ds + \gamma(t), \quad \|\gamma(t)\| < \varepsilon^2
\end{aligned} \tag{7.1.14}
$$

设 $v(\cdot) \in \mathcal{U}_{0,T}$ 是任意的, 控制 $u(\cdot)$ 的针状变分定义为

$$
u_\varepsilon(t) = \begin{cases} u(t), & t \in [0, T] \setminus E_\varepsilon \\ v(t), & t \in E_\varepsilon \end{cases} \tag{7.1.15}
$$

则 $u_\varepsilon(\cdot) \in \mathcal{U}_{0,T}$, 且从式 (7.1.14) 可得

$$
\begin{aligned}
&\varepsilon \int_0^t [f(s, z, u_\varepsilon) - f(s, z, u)] ds \\
&= \int_{E_\varepsilon \cap [0, t]} [f(s, z, v) - f(s, z, u)] ds + \gamma(t), \quad \|\gamma(t)\| < \varepsilon^2
\end{aligned} \tag{7.1.16}
$$

引理 7.1.6　考虑 $[0, T]$ 上的系统 (7.1.1), 其中映射 f 关于 t 可积, 关于 z 连续可微, 关于 u 连续, f_z 一致有界. 设 $u(\cdot)$, $v(\cdot) \in \mathcal{U}_{0,T}$, 函数 $u_\varepsilon(\cdot)$ 如式 (7.1.15) 所定义, 则在 $[0, T]$ 上一致成立 $\lim_{\varepsilon \to 0} z_\varepsilon(t) = z(t)$. 其中 $z_\varepsilon(\cdot) = z(\cdot; 0, z_0, u_\varepsilon)$, $z(\cdot) = z(\cdot; 0, z_0, u)$. 则

$$
z_\varepsilon(t) = z(t) + \varepsilon \delta z(t) + \eta(t), \quad \|\eta(t)\| = o(\varepsilon) \tag{7.1.17}
$$

且有

$$
\begin{cases} \dfrac{d}{dt} \delta z(t) = f_z(t, z, u)^T \delta z(t) + f(t, z, v) - f(t, z, u) \\ \delta z(0) = 0 \end{cases} \tag{7.1.18}
$$

证明　与定理 7.1.5 类似, 首先计算

$$
\begin{aligned}
&\frac{d}{dt} \frac{z_\varepsilon(t) - z(t)}{\varepsilon} \\
&= \frac{1}{\varepsilon} [f(t, z_\varepsilon, u_\varepsilon) - f(t, z, u)] \\
&= \frac{1}{\varepsilon} \int_0^1 \frac{d}{d\theta} f(t, z + \theta(z_\varepsilon - z), u_\varepsilon) d\theta
\end{aligned}
$$

$$+\frac{1}{\varepsilon}\big[f(t,z,u_\varepsilon)-f(t,z,u)\big]$$

$$=\int_0^1 f_z(t,z+\theta(z_\varepsilon-z),u_\varepsilon)^\top\frac{z_\varepsilon-z}{\varepsilon}d\theta$$

$$+\frac{1}{\varepsilon}\big[f(t,z,u_\varepsilon)-f(t,z,u)\big] \tag{7.1.19}$$

上式从 0 到 t 积分, 得

$$\frac{z_\varepsilon(t)-z(t)}{\varepsilon}$$

$$=\int_0^t\int_0^1 f_z(s,z+\theta(z_\varepsilon-z),u_\varepsilon)^\top\frac{z_\varepsilon-z}{\varepsilon}d\theta ds$$

$$+\frac{1}{\varepsilon}\int_{E_\varepsilon\cap(0,t)}[f(t,z,v)-f(t,z,u)]dt$$

应用式 (7.1.16), 得到

$$\frac{z_\varepsilon(t)-z(t)}{\varepsilon}$$

$$=\int_0^t\int_0^1 f_z(s,z+\theta(z_\varepsilon-z),u_\varepsilon)^\top\frac{z_\varepsilon-z}{\varepsilon}d\theta ds \tag{7.1.20}$$

$$+\int_0^t[f(s,z,v)-f(s,z,u)]ds+\frac{\gamma(t)}{\varepsilon},\quad\|\gamma(t)\|=o(\varepsilon^2)$$

因此, 存在正常数 C, 使得

$$\left\|\frac{z_\varepsilon(t)-z(t)}{\varepsilon}\right\|\leqslant C\int_0^t\left\|\frac{z_\varepsilon(s)-z(s)}{\varepsilon}\right\|ds+2CT\|z(\cdot)\|_{C[0,t]}+\varepsilon$$

由格朗沃尔不等式可知

$$\left\|\frac{z_\varepsilon(\cdot)-z(\cdot)}{\varepsilon}\right\|_{C(0,T)}\leqslant(2CT\|z(\cdot)\|_{C[0,T]}+\varepsilon)e^{CT} \tag{7.1.21}$$

即 $\left\|\dfrac{z_\varepsilon(\cdot)-z(\cdot)}{\varepsilon}\right\|_{C(0,T)}$ 有界. 与定理 7.1.5 的证明类似, 由此可以得到 $\lim\limits_{\varepsilon\to0}\|z_\varepsilon(t)-z(t)\|_{C(0,T)}=0$, 和

$$\lim_{\varepsilon\to0}\left\|\frac{z_\varepsilon(\cdot)-z(\cdot)}{\varepsilon}-\delta z(\cdot)\right\|_{C(0,T)}=0$$

最后, 注意到当 $\varepsilon\to0$ 时, 下式成立:

$$\int_0^t \int_0^1 f_z(s, z+\theta(z_\varepsilon-z), u_\varepsilon)^\top \frac{z_\varepsilon-z}{\varepsilon} d\theta ds$$

$$= \int_0^t \int_0^1 f_z(s, z+\theta(z_\varepsilon-z), u)^\top \frac{z_\varepsilon-z}{\varepsilon} d\theta ds$$

$$- \int_{E_\varepsilon \cap [0,t]} \int_0^1 f_z(s, z+\theta(z_\varepsilon-z), u)^\top \frac{z_\varepsilon-z}{\varepsilon} d\theta ds \tag{7.1.22}$$

$$+ \int_{E_\varepsilon \cap [0,t]} \int_0^1 f_z(s, z+\theta(z_\varepsilon-z), v)^\top \frac{z_\varepsilon-z}{\varepsilon} d\theta ds$$

$$\to \int_0^t f_z(s, z, u)^\top \delta z ds$$

因此, 结合式 (7.1.20), 式 (7.1.22) 与引理 7.1.4, 我们证明了式 (7.1.18). □

下面讨论当价值函数中没有终端性能指标时的最优控制问题. 在使用针状变分时, 假设 $\varepsilon \in (0, 1)$ 是任意的常数, $E_\varepsilon \subset [0, T]$ 满足 $|E_\varepsilon| = \varepsilon T$ 和

$$\varepsilon \int_0^t \left[\begin{array}{c} f(s, z, v) - f(s, z, u) \\ q(s, z, v) - q(s, z, u) \end{array} \right] ds$$

$$= \int_{E_\varepsilon \cap [0,t]} \left[\begin{array}{c} f(s, z, v) - f(s, z, u) \\ q(s, z, v) - q(s, z, u) \end{array} \right] ds + \gamma(t), \quad \|\gamma(t)\| < \varepsilon^2 \tag{7.1.23}$$

定理 7.1.7　考虑 $[0, T]$ 上的系统 (7.1.1), 其价值函数 (7.1.3) 中 $p(\cdot) \equiv 0$. 设 f, q 关于 t 可积, 关于 z 连续可微, 且关于 z 的偏导数一致有界, 关于 u 连续. 若控制函数 $u^{min}(\cdot)$ 及相应的状态 $z^{min}(\cdot) = z^{min}(\cdot; 0, z_0, u^{min})$ 使价值函数达到极小, 则存在 $\phi(\cdot) : [0, T] \to \mathbf{R}^n$ 满足

$$\left\{ \begin{array}{l} \dfrac{d}{dt}\phi = -f_z(t, z^{min}, u^{min})\phi + q_z(t, z^{min}, u^{min}) \\ \phi(T) = 0 \end{array} \right. \tag{7.1.24}$$

且下式在 $[0, T]$ 上几乎处处成立:

$$\left\langle \phi(t), f(t, z^{min}, u^{min}) \right\rangle - q(t, z^{min}, u^{min})$$

$$= \max_{v \in U} \left[\left\langle \phi(t), f(t, z^{min}, v) \right\rangle - q(t, z^{min}, v) \right] \tag{7.1.25}$$

证明　设 $u_\varepsilon^{min}(\cdot)$ 是 $u^{min}(\cdot)$ 的针状变分, $z_\varepsilon^{min}(\cdot) = z_\varepsilon^{min}(\cdot; 0, z_0, u_\varepsilon^{min})$ 是相

应的状态. 则

$$
\begin{aligned}
0 &\leqslant \frac{1}{\varepsilon}\big[J_{0,T}(z_0, u_\varepsilon^{min}) - J_{0,T}(z_0, u^{min})\big] \\
&= \frac{1}{\varepsilon}\int_0^T \big[q(t, z_\varepsilon^{min}, u_\varepsilon^{min}) - q(t, z^{min}, u^{min})\big]dt \\
&= \frac{1}{\varepsilon}\int_0^T \big[q(t, z_\varepsilon^{min}, u_\varepsilon^{min}) - q(t, z^{min}, u_\varepsilon^{min}) \\
&\qquad + q(t, z^{min}, u_\varepsilon^{min}) - q(t, z^{min}, u^{min})\big]dt \\
&= \int_0^T \int_0^1 q_z(t,\, z^{min} + \theta(z_\varepsilon^{min} - z^{min}),\, u_\varepsilon^{min})^\top \frac{z_\varepsilon^{min} - z^{min}}{\varepsilon}d\theta dt \\
&\quad + \frac{1}{\varepsilon}\int_{E_\varepsilon} \big[q(t, z^{min}, v) - q(t, z^{min}, u^{min})\big]dt
\end{aligned}
\tag{7.1.26}
$$

上式中应用式 (7.1.23) 得到

$$
\begin{aligned}
0 &\leqslant \int_0^T \int_0^1 q_z(t,\, z^{min} + \theta(z_\varepsilon^{min} - z^{min}),\, u_\varepsilon^{min})^\top \frac{z_\varepsilon^{min} - z^{min}}{\varepsilon}d\theta dt \\
&\quad + \int_0^T \big[q(t, z^{min}, v) - q(t, z^{min}, u^{min})\big]dt + \frac{\gamma(T)}{\varepsilon}
\end{aligned}
\tag{7.1.27}
$$

注意到从式 (7.1.18) 和式 (7.1.24) 可得

$$
\begin{aligned}
&\frac{d}{dt}\langle \phi,\, \delta z^{min}\rangle \\
&= \Big\langle \frac{d}{dt}\phi,\, \delta z^{min}\Big\rangle + \Big\langle \phi,\, \frac{d}{dt}\delta z^{min}\Big\rangle \\
&= \Big\langle -f_z(t, z^{min}, u^{min})\phi + q_z(t, z^{min}, u^{min}),\, \delta z^{min}\Big\rangle \\
&\quad + \Big\langle \phi,\, f_z(t, z^{min}, u^{min})^T \delta z^{min} + f(t, z^{min}, v) - f(t, z^{min}, u^{min})\Big\rangle \\
&= \langle q_z(t, z^{min}, u^{min}),\, \delta z^{min}\rangle + \Big\langle \phi,\, f(t, z^{min}, v) - f(t, z^{min}, u^{min})\Big\rangle
\end{aligned}
\tag{7.1.28}
$$

因此, 在式 (7.1.26) 中令 $\varepsilon \to 0$, 并结合式 (7.1.28) 得到

$$
\begin{aligned}
0 &\leqslant -\int_0^T \Big\langle \phi,\, f(t, z^{min}, v) - f(t, z^{min}, u^{min})\Big\rangle dt \\
&\quad + \int_0^T \big[q(t, z^{min}, v) - q(t, z^{min}, u^{min})\big]dt
\end{aligned}
\tag{7.1.29}
$$

对任意的 $t \in [0, T]$, $z, \phi \in \mathbf{R}^n$, $u \in \mathbf{R}^m$, 定义汉密尔顿函数

$$
H(t, z, u, \phi) \doteq \big\langle \phi,\, f(t, z, u)\big\rangle - q(t, z, u)
\tag{7.1.30}
$$

则从式 (7.1.29) 得到对任意的 $v(\cdot) \in \mathcal{U}_{0,T}$, 有

$$\int_0^T \left[H(t, z^{min}, u^{min}, \phi) - H(t, z^{min}, v, \phi) \right] dt \geqslant 0 \tag{7.1.31}$$

式 (7.1.31) 是积分形式的最大值条件, 下面用它来证明最大值条件 (7.1.25). 由于 U 是可分的, 取 U 的可列稠密子集 $\{v_j\}_{j=1}^\infty$. 记

$$Q_0 = \{t \in (0, T) \mid t \text{ 是 } H(t, z^{min}, u^{min}, \phi) \text{ 的勒贝格点}\}$$

$$Q_j = \{t \in (0, T) \mid t \text{ 是 } H(t, z^{min}, v_j, \phi) \text{ 的勒贝格点}\}, \ j \geqslant 1$$

则由勒贝格可积函数的性质知道 $|Q_j| = T$, $\forall j = 0, 1, 2, \cdots$. 令 $Q = \bigcap_{j=0}^\infty Q_j$, 则 $|Q| = T$. 对任意的 $s \in Q$, 取 $\varepsilon \in (0, \min(s, T - s))$, 和

$$v(t) = \begin{cases} u^{min}(t), & |t - s| \geqslant \varepsilon \\ v_j, & |t - s| < \varepsilon \end{cases}$$

应用式 (7.1.31) 得到

$$\frac{1}{2\varepsilon} \int_{s-\varepsilon}^{s+\varepsilon} \left[H(t, z^{min}, u^{min}, \phi) - H(t, z^{min}, v_j, \phi) \right] dt \geqslant 0 \tag{7.1.32}$$

在上式中令 $\varepsilon \to 0^+$, 由勒贝格点的定义得到

$$H(t, z^{min}, u^{min}, \phi) - H(t, z^{min}, v_j, \phi) \geqslant 0$$

结合 $\{v_j\}_{j=1}^\infty$ 的稠密性, 函数 $H(t, z, u, \phi)$ 关于 u 的连续性, 我们证明了式 (7.1.25).

$$\square$$

若价值函数中 $p(\cdot) \neq 0$, 容易得到以下结论:

定理 7.1.8　假设映射 f, q 满足定理 7.1.7 中的条件, 函数 $p(\cdot)$ 绝对连续. 对于给定的初值 $z_0 \in \mathbf{R}^n$, 若控制函数 $u^{min}(\cdot)$ 及相应的状态 $z^{min}(\cdot) = z^{min}(\cdot; 0, z_0, u^{min})$ 使价值函数 (7.1.3) 达到极小. 则存在函数 $\phi(\cdot): [0, T] \to \mathbf{R}^n$ 满足

$$\begin{cases} \dfrac{d}{dt}\phi = -f_z(t, z^{min}, u^{min})\phi + q_z(t, z^{min}, u^{min}) \\ \phi(T) = -p_z(z^{min}(T)) \end{cases} \tag{7.1.33}$$

和

$$\begin{aligned} & \left\langle \phi(t), f(t, z^{min}, u^{min}) \right\rangle - q(t, z^{min}, u^{min}) \\ & = \max_{v \in U} \left[\left\langle \phi(t), f(t, z^{min}, v) \right\rangle - q(t, z^{min}, v) \right], \quad a.e. \ [0, T] \end{aligned} \tag{7.1.34}$$

回顾由式 (7.1.30) 所定义的汉密尔顿函数, 则系统 (7.1.1) 和 (7.1.33) 可以写为

$$\frac{d}{dt}z(t) = H_\phi(t, z, u, \phi), \quad z(0) = z_0 \tag{7.1.35}$$

$$\frac{d}{dt}\phi(t) = -H_z(t, z, u, \phi), \quad \phi(T) = -p_z(z^{min}(T)) \tag{7.1.36}$$

式 (7.1.34) 成为

$$H(t, z^{min}, u^{min}, \phi) = \max_{v \in U} H(t, z^{min}, v, \phi) \tag{7.1.37}$$

7.1.3 极大值原理与二次最优控制

在系统 (7.1.1) 及其价值函数 (7.1.3) 中, 若 $f(t, z, u) = Az + Bu$, $2q(t, z, u) = \langle C^\top Cz, z \rangle + \langle Ru, u \rangle$, $2p(z) = \langle Mz, z \rangle$, 其中 $A \in \mathbf{R}^{n \times n}$, $B \in \mathbf{R}^{n \times m}$, $C \in \mathbf{R}^{r \times n}$, $M \in \mathbf{R}^{n \times n}$ 非负定, $R \in \mathbf{R}^{m \times m}$ 正定. 则定理 7.1.8 中的式 (7.1.33) 成为

$$\begin{cases} \dfrac{d}{dt}\phi = -A^T\phi + C^T C z^{min} \\ \phi(T) = -M z^{min}(T) \end{cases} \tag{7.1.38}$$

汉密尔顿函数为

$$H(z, u, \phi) = \langle \phi, \ Az + Bu \rangle - \frac{1}{2}\langle C^T Cz, \ z \rangle - \frac{1}{2}\langle Ru, \ u \rangle \tag{7.1.39}$$

由于

$$H_u = B^T\phi - Ru, \quad H_{uu} = -R$$

注意到 R 正定, 因此 (LQ) 问题的最优控制为

$$u^{min}(t) = R^{-1}B^T\phi(t) \tag{7.1.40}$$

将式 (7.1.40) 代入式 (7.1.1), 并结合系统 (7.1.38) 得到 z^{min} 和 ϕ 满足

$$\frac{d}{dt}z^{min}(t) = Az^{min}(t) + BR^{-1}B^T\phi(t), \quad z^{min}(0) = z_0 \tag{7.1.41}$$

$$\frac{d}{dt}\phi(t) = -A^T\phi(t) + C^T C z^{min}(t), \quad \phi(T) = -M z^{min}(T) \tag{7.1.42}$$

因此, 若令 $\xi = -\phi$, $M = I$, 我们得到了与定理 6.3.3 相同的结论.

7.2　动态规划

7.2.1　问题的提出

动态规划方法可用于讨论非线性系统、时变系统、离散时间系统、连续时间系统等的最优控制问题. 本节我们将用动态规划方法讨论系统 (7.1.1) 的最优控制问题 (P_{t_0,z_0}). 首先, 我们给出贝尔曼函数（值函数）的概念（以 R. 贝尔曼命名, 他在 1950 年代初引入动态规划方法）.

定义 7.2.1　设系统 (7.1.1) 的价值函数为 (7.1.3). 则该系统在 $[t_0, t_e]$ 上的最优控制问题 (P_{t_0,z_0}) 的**贝尔曼函数** 定义为 $V : (t_0, t_e) \times \mathbf{R}^n \to \mathbf{R}^+ \cup \{+\infty\}$, 且

$$V(t,x) \doteq \inf_{u(\cdot) \in \mathcal{U}_{t,t_e}} J_{t,t_e}(x,u) \tag{7.2.1}$$

贝尔曼函数 $V(t,x)$ 是系统在时间区间 $[t, t_e]$, 以 x 为初始状态的最优价值函数. 若系统当初始状态为 x 时的容许控制集为空, 我们规定 $V(t,x) = \infty$. 若 $V(t,x)$ 有限, 且存在控制 $u^{min}(\cdot) \in \mathcal{U}_{t_0,t_e}$ 使得 $V(t,x) = J_{t,t_e}(x,u^{min})$, 则称最优控制问题 $(P_{t,x})$ 可解, $u^{min}(\cdot)$ 是**最优控制**, $z^{min}(\cdot; t, x, u^{min})$ 是**最优状态**.

显然, 对任意 $x \in \mathbf{R}^n$, $V(t_e, x) = p(x)$. 此外, 若最优控制问题 $(P_{t,x})$ 可解, 其贝尔曼函数有如下性质:

引理 7.2.1　对任意满足 $0 \leqslant t_0 \leqslant t \leqslant s \leqslant t_e$ 的时间 t, s 和取自允许控制集 $\mathcal{U}_{t,s}$ 中的控制 $u(\cdot)$, 下式成立:

$$V(t,x) \leqslant \int_t^s q(\sigma, z(\sigma; t, x, u), u)d\sigma + V(s, z(s; t, x, u)) \tag{7.2.2}$$

证明　首先, 由贝尔曼函数的定义, 对于任意的 $\varepsilon > 0$, 存在定义在 $[s, t_e]$ 上的控制函数 $v(\cdot) \in \mathcal{U}_{s,t_e}$ 使得

$$J_{s,t_e}(z(s; t, x, u), v) < V(s, z(s; t, x, u)) + \varepsilon$$
$$\forall\, t_0 \leqslant t \leqslant s \leqslant t_e,\ u(\cdot) \in \mathcal{U}_{t,s} \tag{7.2.3}$$

定义

$$\widetilde{u}(\sigma) = \begin{cases} u(\sigma), & \sigma \in [t, s) \\ v(\sigma), & \sigma \in [s, t_e] \end{cases} \tag{7.2.4}$$

则有

$$J_{t,t_e}(x, \widetilde{u})$$

$$= \int_t^{t_e} q(\sigma, z(\sigma; t, x, \widetilde{u}), \widetilde{u})d\sigma + p(z(t_e; t, x, \widetilde{u}))$$

$$= \int_t^s q(\sigma, z(\sigma; t, x, u), u)d\sigma$$

$$+ \int_s^{t_e} q(\sigma, z(\sigma; s, z(s; t, x, u), v), v)d\sigma \qquad (7.2.5)$$

$$+ p(z(t_e; s, z(s; t, x, u), v))$$

$$= \int_t^s q(\sigma, z(\sigma; t, x, u), u)ds + J_{s,t_e}(z(s; t, x, u), v)$$

因此, 结合式 (7.2.3) 与式 (7.2.5) 即得到式 (7.2.2). □

引理 7.2.2　设 $u^{min}(\cdot)$ 是最优控制问题 $(P_{t,x})$ 的最优控制, 则对任意满足 $t_0 \leqslant t \leqslant s \leqslant t_e$ 的时间 $t,\ s$ 和 $x \in \mathbf{R}^n$, 有

$$V(t, x) = \int_t^s q(\sigma, z(\sigma; t, x, u^{min}|_{[t,s)}), u^{min}|_{[t,s)}(\sigma))d\sigma$$

$$+ V(s, z(s; t, x, u^{min}|_{[t,s)})) \qquad (7.2.6)$$

证明　首先, 由价值函数的定义可得

$$V(t, x) = J_{t,t_e}(x, u^{min})$$

$$= \int_t^s q(\sigma, z(\sigma; t, x, u^{min}|_{[t,s)}), u^{min}|_{[t,s)}(\sigma))d\sigma \qquad (7.2.7)$$

$$+ J_{s,t_e}(z(s; t, x, u^{min}|_{[t,s)}), u^{min}|_{[s,t_e)})$$

对任意 $t_0 \leqslant t \leqslant s \leqslant t_e$, 可以证明区间 $[t, t_e]$ 上的最优控制也是其子区间 $[s, t_e]$ 上的最优控制. 事实上, 存在控制函数 $w(\cdot) \in \mathcal{U}_{s,t_e}$, 使得

$$V(t, x) \geqslant \int_t^s q(\sigma, z(\sigma; t, x, u^{min}|_{[t,s)}), u^{min}|_{[t,s)}(\sigma))d\sigma$$

$$+ J_{s,t_e}(z(s; t, x, u^{min}|_{[t,s)}), w)$$

这与贝尔曼函数的定义矛盾. 因此,

$$J_{s,t_e}(z(s; t, x, u^{min}|_{[t,s)}), u^{min}|_{[s,t_e)}) = V(s, z(s; t, x, u^{min}|_{[t,s)}))$$

将上式代入式 (7.2.7), 即得到式 (7.2.6).   □

从以上引理可知, 对于任意的 $t_0 \leqslant t \leqslant s \leqslant t_e$, 最优控制问题 $(P_{t,x})$ 的最优控制和最优状态也是局部最优控制问题 $(P_{s,z(s;t,x,u^{min}|_{[t,s)})})$ 的最优控制和最优状态. 因此, 可以通过解一簇问题 $P_{s,z(s)}$ 来得到最优控制问题 $P_{t,x}$ 的解. 这正是动态规划原理的思想, 它又称为**最优性原理**. 进一步地, 结合以上两个引理即得到**动态规划方程**:

$$V(t,x) = \min_{u(\cdot) \in \mathcal{U}_{t,s}} \left\{ \int_t^s q(\sigma, z(\sigma; t, x, u), u) d\sigma + V(s, z(s; t, x, u)) \right\} \tag{7.2.8}$$

此外, 在式 (7.2.6) 中设 $s = t + \Delta t$, 并令 $\Delta t \to 0$. 则贝尔曼函数沿着最优轨迹是连续可微的, 且有

$$\frac{d}{dt} V(t, z^{min}(t)) = -q(t, z^{min}(t), u^{min}(t)) \tag{7.2.9}$$

另一方面

$$\begin{aligned} & \frac{d}{dt} V(t, z^{min}(t)) \\ & = V_t(t, z^{min}(t)) + \langle V_z(t, z^{min}(t)), \, f(t, z^{min}(t), u^{min}(t)) \rangle \end{aligned} \tag{7.2.10}$$

因此, 结合式 (7.2.9) 和式 (7.2.10), 令 $z^{min}(t) = x$, 得到

$$V_t(t,x) + \langle V_x(t,x), \, f(t, x, u^{min}(t)) \rangle = -q(t, x, u^{min}(t)) \tag{7.2.11}$$

此外, 对于任意的 $u(\cdot) \in \mathcal{U}_{t,s}$, 在式 (7.2.2) 中令 $s = t + \Delta t$, 等式两边除以 Δt 并令 $\Delta t \to 0$, 得到

$$V_t(t,x) \geqslant -\langle V_x(t,x), \, f(t, x, u(t)) \rangle - q(t, x, u(t)) \tag{7.2.12}$$

因此, 结合式 (7.2.11) 和式 (7.2.12), 我们得到**汉密尔顿-雅可比-贝尔曼方程**.

定理 7.2.3　设系统 (7.1.1) 的价值函数为 (7.1.3), 区间 $[t_0, t_e]$ 上的最优控制问题 (P_{t_0, z_0}) 有解. 则其贝尔曼函数满足以下方程, 即

$$\begin{cases} V_t(t,x) = -\inf_{u(\cdot) \in \mathcal{U}_{t, t_e}} \{ q(t, x, u) + \langle V_x(t, x), \, f(t, x, u) \rangle \} \\ V(t_e, x) = p(x), \qquad \forall\, t \in [t_0, t_e], \, x \in \mathbf{R}^n \end{cases} \tag{7.2.13}$$

例 7.2.1 考虑一个 n 级离散系统. 设 $x_0 \in \mathbf{R}^n$ 是初始状态, $u_k \in \mathbf{R}^r$ 是控制向量 $(k = 0, 1, 2, \cdots, n-1)$, $f : \mathbf{R}^n \times \mathbf{R}^r \to \mathbf{R}^n$ 是光滑映射. 系统的状态方程为

$$x_{k+1} = f(x_k, u_k), \quad k = 0, 1, 2, \cdots, n-1 \tag{7.2.14}$$

此外, 令 $q : \mathbf{R}^n \times \mathbf{R}^r \to \mathbf{R}^+$ 是光滑的. 定义系统的价值函数为

$$J_{x_0} = \sum_{k=0}^{n-1} q(x_k, u_k) \tag{7.2.15}$$

则相应的贝尔曼函数为

$$V(x_i) = \min_{u_i, \cdots, u_{n-1}} J_{x_i} = \min_{u_i, \cdots, u_{n-1}} \sum_{k=i}^{n-1} q(x_k, u_k) \tag{7.2.16}$$

从动态规划方程可得以下递推公式:

$$\begin{cases} V(x_i) = -\min_{u_i} \{ q(x_i, u_i) + V(x_{i+1}) \} \\ \qquad = -\min_{u_i} \{ q(x_i, u_i) + V(f(x_i, u_i)) \} \\ V(x_{n-1}) = \min_{u_{n-1}} q(x_{n-1}, u_{n-1}) \end{cases} \tag{7.2.17}$$

7.2.2 动态规划与二次最优控制

应用动态规划的思想, 也可以解决有限时间区间上的 (LQ) 问题. 事实上, 考虑 $[t_0, t_e]$ 上的线性系统 (6.1.1), 其价值函数由式 (6.1.2) 所定义, 不妨设其中 $R = I$. 对任意的 $t \in [t_0, t_e]$, 设 $P(t)$ 是一个非负定的 n 阶矩阵, 系统在 t 时刻的状态为 $x = z(t; t_0, z_0, u(t))$. 令

$$V(t, x) = \langle P(t)x, x \rangle$$

则对任意的 $x \in \mathbf{R}^n$, $t \in [t_0, t_e]$, 方程 (7.2.13) 的右边为

$$- \inf_{u \in L^2([t,t_e]; \mathbf{R}^m)} \left[\langle Cx, Cx \rangle + \langle u, u \rangle + 2\langle P(t)x, Ax + Bu \rangle \right]$$

$$= -\Big\{ \langle C^\top Cx, x \rangle + \langle A^\top P(t)x + P(t)Ax, x \rangle \tag{7.2.18}$$

$$+ \inf_{u \in L^2([t,t_e]; \mathbf{R}^m)} \left[\langle u, u \rangle + \langle u, 2B^\top P(t)x \rangle \right] \Big\}$$

显然地,

$$\left|(u,\, 2B^\top P(t)x)\right| \leqslant \|u\|^2 + \|B^\top P(t)x\|^2 \tag{7.2.19}$$

将式 (7.2.19) 代入式 (7.2.18) 得到

$$-\inf_{u \in L^2([t,t_e];\mathbf{R}^m)} \left[\langle Cx,\, Cx\rangle + \langle u,\, u\rangle + 2\langle P(t)x,\, Ax + Bu\rangle\right] \tag{7.2.20}$$
$$= -\langle (C^\top C + A^\top P(t) + P(t)A^\top - P(t)BB^\top P(t))x,\, x\rangle$$

结合式 (7.2.13) 与式 (7.2.20), 我们得到 $P(t)$ 满足

$$\frac{d}{dt}\langle P(t)x,\, x\rangle = -\langle (C^\top C + A^\top P(t) + P(t)A^\top - P(t)BR^{-1}B^\top P(t))x,\, x\rangle$$

和

$$\langle P(t_e)x,\, x\rangle = \langle Mx,\, x\rangle$$

由 $x \in \mathbf{R}^n$ 的任意性, 得到 $P(t)$ 满足黎卡提方程 (6.1.3). 此外, 由于式 (7.2.19) 中的等式成立当且仅当

$$u^{min}(t) = -B^\top P(t)x \tag{7.2.21}$$

因此, 我们应用线性规划的思想给出了有限时间区间上 (LQ) 问题的解.

第 8 章 无限维系统的稳定性

若受控系统的动态方程是偏微分方程、微分–积分方程等, 则系统的状态空间是无限维的, 称这类系统为无限维系统或者分布参数系统. 由于状态空间的无穷维结构, 有限维系统中的一些概念和结果推广到无穷维后, 会出现新的问题. 例如无限维空间中的强收敛和弱收敛不等价, 因而系统的稳定性可分为强稳定性和弱稳定性等. 此外, 无限维系统的控制器更加多样化, 可以设计内部控制器、边界控制器、局部控制器等.

8.1 预 备 知 识

在 2.1 节分析有限维线性系统的稳定性时, 系统 (2.1.1) 的状态空间是 $\mathbf{R}^n$, A 是 n 阶矩阵. 现在我们在某个函数空间中考虑系统 (2.1.1), 其中 A 是该函数空间上的一个线性算子. 在讨论方程 (2.1.1) 的解之前, 先引入算子半群的定义.

定义 8.1.1 设 Z 是一个巴拿赫空间, 若 Z 上的单参数有界线性算子族 $T(t)$, $0 \leqslant t < \infty$ 满足:

(i) $T(0) = I$;

(ii) $T(t+s) = T(t)T(s)$, $\forall\, t,\, s \geqslant 0$;

(iii) $\lim\limits_{t \to 0} \|T(t)x - x\| = 0$, $\forall\, x \in Z$.

则称 $T(t)$ 为 Z 上的**强连续线性算子半群**, 或者 C_0 **半群**.

定义 8.1.2 设 $T(t)$ 是巴拿赫空间 Z 上的强连续线性算子半群. $T(t)$ 的无穷小生成元 A 定义为

$$Ax = \lim_{t \to 0} \frac{T(t)x - x}{t}, \quad \forall\, x \in D(A)$$

$$D(A) = \left\{ x \in Z \;\middle|\; \lim_{t \to 0} \frac{T(t)x - x}{t} \text{ 存在} \right\}$$

定理 8.1.1 设 $T(t)$ 是巴拿赫空间 Z 上的强连续线性算子半群, 生成元为 A. 则

(i) 对任意的 $x \in D(A)$, $T(t)x \in D(A)$, $\forall\, t \geqslant 0$;

(ii) 对任意的 $x \in D(A)$, $\dfrac{d}{dt}T(t)x = AT(t)x = T(t)Ax$, $\forall\, t \geqslant 0$;

(iii) 对任意的 $x \in D(A)$, $T(t)x = x + \displaystyle\int_0^t AT(s)x\,ds$, $\forall\, t \geqslant 0$;

(iv) 线性算子 A 是闭的, 且 $\overline{D(A)} = Z$.

若一个 C_0 半群 $T(t)$ 满足 $\|T(t)\| \leqslant 1$, $\forall\, t \geqslant 0$, 则称其为**压缩半群**. 设 H 是一个希尔伯特空间, A 是 H 上的线性算子, 满足 $Re\,\langle AX, x\rangle \leqslant 0$, $\forall\, x \in H$, 则称 A 是**耗散的**.

定理 8.1.2　设 Z 是巴拿赫空间. A 是 Z 上的闭稠定线性算子. 若存在 $M \geqslant 1$ 和 $\omega \in \mathbf{R}$ 使得

(i) $\{\lambda \in \mathbf{R} \mid Re\,\lambda > \omega\} \subset \rho(A)$;

(ii) $\|(\lambda I - A)^{-n}\| \leqslant M(Re\,\lambda - \omega)^{-n}$, $\forall\, Re\,\lambda > \omega, n \geqslant 1$.

则在 Z 上存在以 A 为生成元的 C_0 半群 $T(t)$, 且满足

$$\|T(t)\| \leqslant Me^{\omega t}, \quad \forall\, t \geqslant 0$$

定理 8.1.3　设 H 是希尔伯特空间. A 是 H 上的稠定线性算子.

(i) 若 A 耗散, 且存在 $\lambda_0 > 0$ 使得 $Ran(\lambda_0 I - A) = H$, 则 A 是一个压缩 C_0 半群 $T(t)$ 的生成元;

(ii) 若 A 是一个压缩 C_0 半群 $T(t)$ 的生成元, 则 A 是耗散的, 且对任意的 $\lambda_0 > 0$, $Ran(\lambda I - A) = H$.

以下是关于 C_0 半群的扰动的结论.

定理 8.1.4　设 Z 是巴拿赫空间. A 是 Z 上的 C_0 半群 $T(t)$ 的无穷小生成元. B 是 Z 上的有界线性算子. 则 $A + B$ 也是一个 C_0 半群 $S(t)$ 的无穷小生成元. 且 $S(t)$ 由下式唯一确定

$$S(t)x = T(t)x + \int_0^t T(t-s)BS(s)ds, \quad t \geqslant 0,\ x \in Z$$

例 8.1.1　设 Z 是巴拿赫空间, A 是 Z 上的有界线性算子, 则可以定义

$$T(t) = e^{At} \doteq \sum_{k=0}^{\infty} \frac{t^k}{k!}A^k, \quad t \geqslant 0 \tag{8.1.1}$$

$T(t)$ 是 Z 上的 C_0 半群, 且满足 $\lim\limits_{t \to 0} \|T(t) - I\| = 0$.

例 8.1.2 设 $p \geqslant 1$, $T(t)$ 是定义在 $L^p(a, b)$ 上的有界线性算子族

$$(T(t)f)(s) = f(t + s), \quad \forall \, t, \, s \geqslant 0, \, f \in L^p(a, b)$$

则 $T(t)$ 是 $L^p(a, b)$ 上的 C_0 压缩半群，其生成元是

$$A = \frac{d}{dx}$$

$$D(A) = \left\{ f \in L^p(a, b) \; \Big| \; \frac{d}{dx} f \in L^p(a, b) \right\}$$

例 8.1.3 设 A 是 $L^2(0, 1)$ 上的线性算子

$$A = \frac{d^2}{dx^2}$$

$$D(A) = H^2(0, 1) \cap H_0^1(0, 1) \tag{8.1.2}$$

其中

$$H_0^1(0, 1) = \{ f \in H^1(0, 1) \mid f(0) = f(1) = 0 \}$$

显然 A 是闭稠定的，$0 \in \rho(A)$，且对任意的 $f \in D(A)$，

$$Re \left\langle Af, \, f \right\rangle = Re \int_0^1 \frac{d^2}{dx^2} f \, f dx$$

$$= -\int_0^1 \left| \frac{d}{dx} f \right|^2 \leqslant 0$$

则由定理 8.1.3，A 是一个 C_0 半群的无穷小生成元.

从定理 8.1.1 可知，若 A 是巴拿赫空间 Z 上的 C_0 半群 $T(t)$ 的无穷小生成元. 则以下问题

$$\begin{cases} \dfrac{d}{dt} z(t) = Az(t), & t > 0 \\ z(0) = z_0 \in D(A) \end{cases} \tag{8.1.3}$$

有唯一解 $z(t) = T(t)z_0$. 此时解的意义是，$z(t)$ 对于 $t \geqslant 0$ 连续，对于 $t > 0$ 连续可微，$z(t) \in D(A)$，且满足式 (8.1.3). 初值问题 (8.1.3) 的解的唯一性可在更弱的假设下得到，具体可见参考文献.

对于非齐次问题

$$\begin{cases} \dfrac{d}{dt} z(t) = Az(t) + f(t), & t > 0 \\ z(0) = z_0 \in D(A) \end{cases} \tag{8.1.4}$$

其中 f : $[0,T]$ $\to$ Z. 若 $z(\cdot)$ 在 $[0,T]$ 上连续，在 $(0,T)$ 上连续可微，满足 $z(t) \in D(A)$ 和式 (8.1.4)，我们称 $z(t)$ 是问题 (8.1.3) 的 (强) 解.

定理 8.1.5　设 Z 是巴拿赫空间，A 是 Z 上的 C_0 半群 $T(t)$ 的无穷小生成元，$z_0 \in D(A)$. 若 f 满足下列条件之一：

(i) $f \in D(A)$, $f(\cdot)$, $Af(\cdot)$ 在 $[0,T]$ 上连续；

(ii) $f(\cdot)$ 在 $[0,T]$ 上一阶连续可微.

则式 (8.1.4) 有唯一解 $z(t)$, 且表示为

$$z(t) = T(t)z_0 + \int_0^t T(t-s)f(s)ds$$

8.2　无限维系统稳定性的定义

8.2.1　稳定性的定义、频域条件

正如第 2 章所述，稳定性是控制理论中的基本问题之一. 考虑巴拿赫空间 Z 上的自由系统 (8.1.3)，并假设 A 是 Z 上的 C_0 半群 $T(t)$ 的无穷小生成元. 则 $T(t)z_0$ 是系统的解，从而系统 (8.1.3) 的稳定性即是半群 $T(t)$ 的稳定性. 相比于有限维系统，无限维系统的稳定性更加复杂，譬如可以讨论一致稳定、强稳定、弱稳定等.

定义 8.2.1　设 $T(t)$ 是巴拿赫空间 Z 上的 C_0 半群. 则

(i) 若 $\lim\limits_{t \to \infty} \|T(t)\| = 0$, 则称 $T(t)$ 是一致稳定的.

(ii) 若对任意的 $x \in Z$, $\lim\limits_{t \to \infty} \|T(t)x\| = 0$, 则称 $T(t)$ 是强稳定的.

(iii) 若存在正常数 M, ω 使得

$$\|T(t)x\| \leqslant Me^{-\omega t}\|x\|, \quad \forall\, t \geqslant 0,\ x \in Z$$

则称 $T(t)$ 是指数稳定的.

(iv) 若存在正常数 M, γ 使得

$$\|T(t)A^{-1}x\| \leqslant \frac{M}{(t+1)^\gamma}\|x\|, \quad \forall\, t \geqslant 0,\ x \in D(A)$$

则称 $T(t)$ 是多项式稳定的, 衰减率为 γ.

定理 8.2.1　设 $T(t)$ 是巴拿赫空间 Z 上的 C_0 半群. 则 $T(t)$ 是指数稳定的当且仅当它是一致稳定的.

以下定理给出了半群指数稳定和多项式稳定的频域条件.

引理 8.2.2 设 H 是希尔伯特空间, A 是 H 上的线性算子, 生成 C_0 半群 $T(t)$. 若 A 的预解集包含虚轴, 即

$$i\,\mathbf{R} \subset \rho(A) \tag{8.2.1}$$

则

(i) 半群 $T(t)$ 是指数稳定的充要条件是

$$\overline{\lim_{\omega \in \mathbb{R}, |\omega| \to \infty}} \|(i\,\omega I - A)^{-1}\|_{\mathcal{L}(H)} < \infty \tag{8.2.2}$$

(ii) 半群 $T(t)$ 是多项式稳定, 且稳定衰减率为 $\dfrac{1}{\beta}$ 的充要条件是

$$\overline{\lim_{\omega \in \mathbb{R}, |\omega| \to \infty}} |\omega|^{-\beta} \|(i\,\omega I - A)^{-1}\|_{\mathcal{L}(H)} < \infty \tag{8.2.3}$$

8.2.2 稳定性的时域分析

对于一些偏微分方程系统, 可以通过引入合适的李雅普诺夫函数分析其稳定性. 首先考虑单位长度杆上的热传导问题, 并设杆的两端温度为零. 则系统的动态方程为

$$\begin{cases} \dfrac{\partial}{\partial t} w(x,t) = \dfrac{\partial^2}{\partial x^2} w(x,t), & t > 0,\, 0 < x < 1 \\ w(0,t) = w(1,t) = 0 \\ w(x,0) = w_0 \end{cases} \tag{8.2.4}$$

设线性算子 A 如例 8.1.3 所定义, 则 A 是 $L^2(0,1)$ 上 C_0 半群 $T(t)$ 的无穷小生成元, 且系统 (8.2.4) 可以写为

$$\begin{cases} \dfrac{d}{dt} z(t) = Az(t), & t > 0 \\ z(0) = w_0 \end{cases} \tag{8.2.5}$$

定义系统的李雅普诺夫函数为

$$V(t) = \frac{1}{2}\|T(t)w_0\|^2 = \frac{1}{2}\int_0^1 |w(x,t)|^2 dx$$

则直接计算可得

$$\frac{d}{dt}V(t) = \int_0^1 w(x,t)\frac{\partial}{\partial t}w(x,t)dx$$

$$= \int_0^1 w(x,t)\frac{\partial^2}{\partial x^2}w(x,t)dx \tag{8.2.6}$$

$$= -\int_0^1 \left|\frac{d}{dx}w(x,t)\right|^2$$

另一方面，注意到

$$\int_0^1 |w(x,t)|^2 dx$$

$$= x|w(x,t)|^2\big|_0^1 - 2\int_0^1 xw(x,t)\frac{\partial}{\partial x}w(x,t)dx$$

$$= -2\int_0^1 xw(x,t)\frac{\partial}{\partial x}w(x,t)dx$$

$$\leqslant \frac{1}{2}\int_0^1 |w(x,t)|^2 dx + 2\int_0^1 x^2\left|\frac{\partial}{\partial x}w(x,t)\right|^2 dx$$

因此，

$$\int_0^1 |w(x,t)|^2 dx \leqslant 4\int_0^1 \left|\frac{\partial}{\partial x}w(x,t)\right|^2 dx \tag{8.2.7}$$

将式 (8.2.7) 代入式 (8.2.6) 得到

$$\frac{d}{dt}V(t) \leqslant -\frac{1}{4}\int_0^1 |w(x,t)|^2 dx = -\frac{1}{2}V(t) \tag{8.2.8}$$

因此，应用引理 2.4.5 得到

$$V(t) \leqslant e^{-\frac{t}{2}}V(0)$$

即

$$\|w(x,t)\| \leqslant e^{-\frac{t}{4}}\|w(0)\| \tag{8.2.9}$$

则系统 (8.2.4) 的状态是指数稳定的.

下面考虑一维波方程

$$\begin{cases} \dfrac{\partial^2}{\partial t^2}w(x,t) = \dfrac{\partial^2}{\partial x^2}w(x,t), & t>0, \ -1<x<1 \\[2mm] w(-1,t) = w(1,t) = 0 \\[2mm] w(x,0) = w_0, \quad \dfrac{\partial}{\partial t}w(x,t) = w_1 \end{cases} \tag{8.2.10}$$

定义希尔伯特空间

$$H = H_0^1(-1,1) \times L^2(-1,1) \tag{8.2.11}$$

并在 H 上引入算子

$$A_0 = \begin{bmatrix} 0 & I \\ A & 0 \end{bmatrix} \tag{8.2.12}$$

$$D(A_0) = H^2(-1,1) \cap H_0^1(-1,1) \times H_0^1(-1,1)$$

其中, A 由式 (8.1.2) 所定义. 显然 A_0 是闭稠定的, $0 \in \rho(A_0)$, 且对任意的 $(f,g)^\top \in D(A_0)$,

$$Re \left\langle A_0(f,g)^\top, (f,g)^\top \right\rangle$$
$$= Re \int_{-1}^{1} \left(g'\, f' + f''\, g \right) dx$$
$$= 0$$

则由定理 8.1.3, A_0 是一个 C_0 半群 $T_0(t)$ 的无穷小生成元. 令

$$z(t) = \left(w(\cdot, t),\, \frac{\partial}{\partial t} w(\cdot, t) \right)^\top,\quad z_0 = (w_0,\, w_1)^\top$$

则系统 (8.2.10) 可以写为

$$\begin{cases} \dfrac{d}{dt} z(t) = A_0 z(t), & t > 0 \\ z(0) = z_0 \end{cases} \tag{8.2.13}$$

定义李雅普诺夫函数为 $V(t) = \|z(t)\|^2 = \|T_0(t)(w_0, w_1)^\top\|^2$. 则直接计算可得

$$\frac{d}{dt} \|z(t)\|^2$$
$$= 2 \int_{-1}^{1} \left[\frac{\partial^2}{\partial t^2} w(x,t) \frac{\partial}{\partial t} w(x,t) + \frac{\partial^2}{\partial t \partial x} w(x,t) \frac{\partial}{\partial x} w(x,t) \right] dx \tag{8.2.14}$$
$$= 0$$

因此, $\|z(t)\| \equiv \|z_0\|$, 系统 (8.2.10) 是不稳定的. 我们称这样的系统为守恒系统.

8.3　波方程的稳定性

8.3.1　指数稳定性

在 8.2 节我们分析了一个守恒的波方程系统 (8.2.10). 下面将讨论该系统在不同的控制作用下的稳定性. 首先考虑具有局部粘性扰动的一维波方程

$$
\begin{cases}
\dfrac{\partial^2}{\partial t^2}w(x,t) = \dfrac{\partial^2}{\partial x^2}w(x,t) - b(x)\dfrac{\partial}{\partial t}w(x,t), & t>0,\ -1<x<1 \\[2mm]
w(-1,t) = w(1,t) = 0 \\[2mm]
w(x,0) = w_0, \quad \dfrac{\partial}{\partial t}w(x,t) = w_1
\end{cases}
\tag{8.3.1}
$$

其中, 函数 $b(x)$ 为

$$
b(x) =
\begin{cases}
1, & x \in (0,1] \\[2mm]
0, & x \in [-1,0]
\end{cases}
\tag{8.3.2}
$$

令 H 如式 (8.2.11) 所定义, 并在 H 上定义算子

$$
A_1 =
\begin{bmatrix}
0 & I \\[2mm]
A & -b(x)
\end{bmatrix}
\tag{8.3.3}
$$

$$
D(A_1) = H^2(-1,1) \cap H_0^1(-1,1) \times H_0^1(-1,1)
$$

则系统 (8.3.1) 可以写为

$$
\begin{cases}
\dfrac{d}{dt}z(t) = A_1 z(t), & t>0 \\[2mm]
z(0) = (w_0,\, w_1)^\top
\end{cases}
\tag{8.3.4}
$$

定理 8.3.1　A_1 是一个指数稳定的 C_0 半群 $T_1(t)$ 的无穷小生成元.

证明　由于 $A_1 = A_0 + B$, 其中

$$
B =
\begin{bmatrix}
0 & 0 \\[2mm]
0 & -b(x)
\end{bmatrix}, \quad D(B) = D(A_0)
$$

是有界线性算子, 则由定理 8.1.4, A_1 是一个 C_0 半群 $T_1(t)$ 的无穷小生成元. 此外, 容易验证 $i\mathbf{R} \subset \rho(A_1)$.

下面证明 $T_1(t)$ 是指数稳定的 C_0 半群. 从引理 8.2.2, 只需要证明存在常数 $r > 0$ 使得

$$\inf \left\{ \|i\omega U - A_1 U\|_H \;\middle|\; \|U\|_H = 1, \omega \in \mathbf{R} \right\} \geqslant r \tag{8.3.5}$$

若上式不成立, 则存在一列实数 $\omega_n \neq 0$ 以及向量 $U_n = (u_n, v_n) \in D(A_1)$ 使得

$$\|U_n\|_H = 1 \tag{8.3.6}$$

$$\|i\omega_n U_n - A_1 U_n\|_H \to 0 \tag{8.3.7}$$

从而有

$$i\omega_n u_n - v_n \to 0, \qquad \text{在 } H^1(-1,1) \text{ 中} \tag{8.3.8}$$

$$i\omega_n v_n - u_n'' + b(x)v_n \to 0, \quad \text{在 } L^2(-1,1) \text{ 中} \tag{8.3.9}$$

定义

$$y_{1,n} \doteq u_n \chi_{[0,1]}, \quad y_{2,n} \doteq v_n \chi_{[0,1]}$$

$$z_{1,n} \doteq u_n \chi_{[-1,0]}, \quad z_{2,n} \doteq v_n \chi_{[-1,0]} \tag{8.3.10}$$

则由式 (8.3.8)~ 式 (8.3.9),

$$i\omega_n y_{1,n} - y_{2,n} \to 0, \qquad \text{在 } H^1(0,1) \text{ 中} \tag{8.3.11}$$

$$i\omega_n y_{2,n} - y_{1,n}'' + y_{2,n} \to 0, \quad \text{在 } L^2(0,1) \text{ 中} \tag{8.3.12}$$

$$i\omega_n z_{1,n} - z_{2,n} \to 0, \qquad \text{在 } H^1(-1,0) \text{ 中} \tag{8.3.13}$$

$$i\omega_n z_{2,n} - z_{1,n}'' \to 0, \qquad \text{在 } L^2(-1,0) \text{ 中} \tag{8.3.14}$$

此外, 从式 (8.3.7) 可得 $\displaystyle\lim_{n\to\infty} Re \langle (i\omega_n I - A_1) U_n, U_n \rangle_H = 0$. 因此

$$\lim_{n\to\infty} \|y_{2,n}\|_{L^2(0,1)} = 0 \tag{8.3.15}$$

将式 (8.3.11) 与 $y_{1,n}$ 在 $H^1(0,1)$ 上作内积得到

$$-i\omega_n \int_0^1 |y_{1,n}'|^2 dx - \int_0^1 y_{1,n}' y_{2,n}' dx \to 0 \tag{8.3.16}$$

式 (8.3.12) 与 $y_{2,n}$ 在 $L^2(0,1)$ 上作内积得到

$$i\omega_n \int_0^1 |y_{2,n}|^2 dx + y_{1,n}'(0)y_{2,n}(0)$$
$$+ \int_0^1 y_{1,n}' y_{2,n}' dx + \int_0^1 |y_{2,n}|^2 dx \to 0 \tag{8.3.17}$$

从式 (8.3.15), 式 (8.3.16) 和式 (8.3.17),

$$-i\,\omega_n\int_0^1|y'_{1,n}|^2dx + i\,\omega_n\int_0^1|y_{2,n}|^2dx + y'_{1,n}(0)y_{2,n}(0) \to 0 \tag{8.3.18}$$

由差值定理以及式 (8.3.11) 和式 (8.3.12) 可得

$$|y'_{1,n}(0)y_{2,n}(0)|$$

$$\leqslant \|y''_{1,n}\|_{L^2(0,1)}^{\frac{1}{2}}\|y'_{1,n}\|_{L^2(0,1)}^{\frac{1}{2}}\|y'_{2,n}\|_{L^2(0,1)}^{\frac{1}{2}}\|y_{2,n}\|_{L^2(0,1)}^{\frac{1}{2}} \tag{8.3.19}$$

$$\leqslant \|\omega_n y_{2,n}\|_{L^2(0,1)}^{\frac{1}{2}}\|y'_{1,n}\|_{L^2(0,1)}^{\frac{1}{2}}\|\omega_n y_{1,n}\|_{L^2(0,1)}^{\frac{1}{2}}\|y_{2,n}\|_{L^2(0,1)}^{\frac{1}{2}} + o(1)$$

将式 (8.3.22) 代入式 (8.3.19),

$$\omega_n^{-1}|y'_{1,n}(0)y_{2,n}(0)| = o(1) \tag{8.3.20}$$

因此, 结合式 (8.3.15), 式 (8.3.18) 和式 (8.3.20) 得到

$$\lim_{n\to\infty}\|y'_{1,n}\|_{L^2(0,1)} = 0 \tag{8.3.21}$$

另一方面, 将式 (8.3.12) 与 $(1-x)y'_{1,n}$ 在 $L^2(0,1)$ 上作内积得到

$$\int_0^1(i\,\omega_n y_{2,n} - y''_{1,n} + y_{2,n})(1-x)y'_{1,n}dx \to 0 \tag{8.3.22}$$

再将式 (8.3.11) 代入式 (8.3.22),

$$- |y_{2,n}(0)|^2 + \int_0^1|y_{2,n}|^2dx - |y'_{1,n}(0)|^2$$
$$+ \int_0^1|y'_{1,n}|^2dx - 2\int_0^1 y_{2,n}(1-x)y'_{1,n}dx \to 0 \tag{8.3.23}$$

从式 (8.3.15) 和柯西–席瓦尔兹不等式得到

$$\int_0^1 y_{2,n}(1-x)y'_{1,n}dx \to 0 \tag{8.3.24}$$

将式 (8.3.15), 式 (8.3.21), 式 (8.3.24) 代入式 (8.3.23),

$$|y_{2,n}(0)|^2, \ |y'_{1,n}(0)|^2 \to 0 \tag{8.3.25}$$

最后, 将式 (8.3.14) 与 $(1+x)z'_{1,n}$ 在 $L^2(-1,0)$ 上作内积, 并结合式 (8.3.13) 得到

$$-|z_{2,n}(0)|^2 + \int_{-1}^0|z_{2,n}|^2dx - |z'_{1,n}(0)|^2 + \int_{-1}^0|z'_{1,n}|^2dx \to 0 \tag{8.3.26}$$

由式 (8.3.25) 和式 (8.3.26), 我们得到 $\lim_{n\to\infty}\|U_n\| = 0$. 这与式 (8.3.6) 矛盾, 定理得证. $\square$

8.3.2 多项式稳定性

考虑具有局部粘弹性扰动的一维波方程

$$
\begin{cases}
\dfrac{\partial^2}{\partial t^2} w(x,t) = \dfrac{\partial^2}{\partial x^2} w(x,t) + b(x)\dfrac{\partial^3}{\partial x^2 \partial t} w(x,t), & t > 0,\ -1 < x < 1 \\[2mm]
w(-1,t) = w(1,t) = 0 \\[2mm]
w(x,0) = w_0, \quad \dfrac{\partial}{\partial t} w(x,t) = w_1
\end{cases}
\tag{8.3.27}
$$

其中, 函数 $b(x)$ 如式 (8.3.2) 所定义. 令 H 如式 (8.2.11) 所定义, 并在 H 上定义算子

$$
A_2 = \begin{bmatrix} 0 & I \\[2mm] A & b(x)A \end{bmatrix}
\tag{8.3.28}
$$

$$
D(A_2) = \left\{ (u,v) \in H \ \middle|\ v \in H_0^1(-1,1),\ u'' + bv'' \in L^2(-1,1) \right\}
$$

则系统 (8.3.27) 可以写为

$$
\begin{cases}
\dfrac{d}{dt} z(t) = A_2 z(t), & t > 0 \\[2mm]
z(0) = (w_0,\, w_1)^\top
\end{cases}
\tag{8.3.29}
$$

定理 8.3.2 A_2 是一个多项式稳定的 C_0 半群 $T_2(t)$ 的无穷小生成元, 且衰减率为 2.

证明 由于对任意的 $(f,g)^\top \in D(A_2)$,

$$
Re \left\langle A_2(f,g)^\top, (f,g)^\top \right\rangle_H
$$
$$
= -\int_0^1 |g'|^2 dx
$$
$$
\leqslant 0
$$

此外, 容易验证 $i\mathbf{R} \subset \rho(A_2)$. 则由定理 8.1.3, A_2 是一个 C_0 半群 $T_2(t)$ 的无穷小生成元.

下面证明 $T_2(t)$ 是多项式稳定的 C_0 半群. 从引理 8.2.2, 只需要证明存在常数 $r > 0$ 使得

$$
\inf \left\{ \|i\omega U - A_2 U\|_H \ \middle|\ \|U\|_H = 1, \omega \in \mathbf{R} \right\} \geqslant r
\tag{8.3.30}
$$

若上式不成立, 则存在一列实数 $\omega_n \neq 0$ 以及向量 $U_n = (u_n, v_n) \in D(A_2)$ 使得

$$\|U_n\|_H = 1 \tag{8.3.31}$$

$$\omega_n^\beta \|i\,\omega_n U_n - A_2 U_n\|_H \to 0 \tag{8.3.32}$$

由式 (8.3.10) 定义 $y_{1,n},\ y_{2,n},\ z_{1,n},\ z_{2,n}$, 以及 $T_n \doteq y'_{1,n} + y'_{2,n}$. 令 $\beta = \dfrac{1}{2}$. 则由式 (8.3.32) 得

$$\omega_n^{\frac{1}{2}}(i\,\omega_n y_{1,n} - y_{2,n}) \to 0, \quad 在\ H^1(0,1)\ 中 \tag{8.3.33}$$

$$\omega_n^{\frac{1}{2}}(i\,\omega_n y_{2,n} - T'_n) \to 0, \quad 在\ L^2(0,1)\ 中 \tag{8.3.34}$$

$$\omega_n^{\frac{1}{2}}(i\,\omega_n z_{1,n} - z_{2,n}) \to 0, \quad 在\ H^1(-1,0)\ 中 \tag{8.3.35}$$

$$\omega_n^{\frac{1}{2}}(i\,\omega_n z_{2,n} - z''_{1,n}) \to 0, \quad 在\ L^2(-1,0)\ 中 \tag{8.3.36}$$

和 $\displaystyle\lim_{n\to\infty} \omega_n^\beta Re\,\langle(i\,\omega_n I - A_2)U_n,\, U_n\rangle_H = 0$. 因此

$$\lim_{n\to\infty} \omega_n^{\frac{1}{4}}\|y'_{2,n}\|_{L^2(0,1)} = 0 \tag{8.3.37}$$

结合式 (8.3.33) 与式 (8.3.37) 可得

$$\lim_{n\to\infty} \omega_n^{\frac{5}{4}}\|y'_{1,n}\|_{L^2(0,1)} = \lim_{n\to\infty} \omega_n^{\frac{1}{4}}\|T_n\|_{L^2(0,1)} = 0 \tag{8.3.38}$$

将式 (8.3.34) 与 $y_{2,n}$ 做内积得到

$$i\,\omega_n^{\frac{3}{2}} \int_0^1 |y_{2,n}|^2 dx + \omega_n^{\frac{1}{2}} T_n(0) y_{2,n}(0) + \omega_n^{\frac{1}{2}} \int_0^1 T_n y'_{2,n} dx \to 0 \tag{8.3.39}$$

从式 (8.3.37) 可得

$$\omega_n^{\frac{1}{2}} \int_0^1 T_n y'_{2,n} dx \to 0 \tag{8.3.40}$$

此外, 由迹定理和式 (8.3.34) 可得

$$\left| \omega_n^{\frac{1}{2}} T_n(0) y_{2,n}(0) \right|$$
$$\leqslant \omega_n^{\frac{1}{2}} \|T_n\|_{L^2(0,1)}^{\frac{1}{2}} \|T'_n\|_{L^2(0,1)}^{\frac{1}{2}} \|y_{2,n}\|_{L^2(0,1)}^{\frac{1}{2}} \|y'_{2,n}\|_{L^2(0,1)}^{\frac{1}{2}} \tag{8.3.41}$$
$$= \omega_n^{\frac{1}{4}} \|T_n\|_{L^2(0,1)}^{\frac{1}{2}} \|\omega_n^{\frac{3}{2}} y_{2,n}\|_{L^2(0,1)}^{\frac{1}{2}} \|y_{2,n}\|_{L^2(0,1)}^{\frac{1}{2}} \|y'_{2,n}\|_{L^2(0,1)}^{\frac{1}{2}} + o(1)$$

将式 (8.3.37) 和式 (8.3.38) 代入式 (8.3.42),

$$\left| \omega_n^{\frac{1}{2}} T_n(0) y_{2,n}(0) \right| \leqslant \|\omega_n^{\frac{3}{4}} y_{2,n}\|_{L^2(0,1)} + o(1) \tag{8.3.42}$$

因此，由式 (8.3.39)~ 式 (8.3.42),

$$\lim_{n\to\infty}\omega_n^{\frac{3}{4}}\|y_{2,n}\|_{L^2(0,1)}=0 \tag{8.3.43}$$

另一方面，将式 (8.3.34) 与 $(1-x)T_n$ 在 $L^2(0,1)$ 上作内积得到

$$i\,\omega_n\int_0^1 y_{2,n}(1-x)T_n dx+\frac{1}{2}|T_n(0)|^2-\frac{1}{2}\int_0^1|T_n|^2 dx\to 0 \tag{8.3.44}$$

将式 (8.3.38) 和式 (8.3.43) 代入式 (8.3.44) 得到

$$|T_n(0)|\to 0 \tag{8.3.45}$$

此外，从迹定理和式 (8.3.37) 得到

$$y_{2,n}(0)\to 0 \tag{8.3.46}$$

因此，结合式 (8.3.45) 和式 (8.3.46) 得到 $z'_{1,n}(0)$, $z_{2,n}(0)\to 0$. 代入式 (8.3.26)，我们得到了

$$\|z'_{1,n}\|_{L^2(-1,0)},\ \|z_{2,n}\|_{L^2(-1,0)}\to 0 \tag{8.3.47}$$

最后，由索伯列夫空间的嵌入定理，我们从式 (8.3.37) 和式 (8.3.38) 可以得到 $\|y'_{1,n}\|_{L^2(0,1)}$, $\|y_{2,n}\|_{L^2(0,1)}\to 0$. 结合式 (8.3.47)，我们证明了 $\|U_n\|_H\to 0$. □

注 就波方程而言，粘弹性扰动 $\frac{\partial^3}{\partial x^2\partial t}w$ 一般是强于粘性扰动 $\frac{\partial}{\partial t}w$ 的. 譬如扰动是整体分布的情形，即系数函数满足 $b(x)\equiv 1$, $\forall\,x\in[-1,1]$，则具有整体粘性扰动的波方程的半群 $T_2(t)$ 是指数稳定的. 而具有整体粘弹性扰动 $\frac{\partial^3}{\partial x^2\partial t}w$ 的波方程相应的半群 $T_2(t)$ 不但是指数稳定的，而且关于时间具有解析性. 当考虑局部分布的扰动时，系统的稳定性质则完全不同. 首先，从定理 8.3.1 可知，当扰动系数为式 (8.3.2) 所定义的阶梯函数时，半群 $T_1(t)$ 是指数稳定的. 而具有局部粘弹性扰动的波方程相应的半群 $T_2(t)$ 却不具有指数稳定性，事实上，定理 8.3.2 所得的衰减率是最优的. 在文献 (Liu et al, 2017; Liu et al, 2016; Zhang, 2010) 中，我们进一步讨论系统 (8.3.27)，并就系数函数 $b(\cdot)$ 的连续性与半群的正则性与稳定性之间建立联系，从而对这个问题进行了完备的分析.

参 考 文 献

郭宝珠, 柴树根. 2012. 无穷维线性系统控制理论. 北京: 科学出版社

郭雷, 陈代展, 冯德兴. 2005. 控制理论导论: 从基本概念到研究前沿. 北京: 科学出版社

胡寿松. 2007. 自动控制原理. 北京: 科学出版社

李训经, 雍炯敏, 周渊. 2010. 控制理论基础. 北京: 高等教育出版社

钱学森. 1958. 工程控制论. 北京: 科学出版社

王积伟, 陆一心, 吴振顺. 2002. 现代控制理论与工程. 北京: 高等教育出版社

雍炯敏, 楼红卫. 2006. 最优控制理论简明教程. 北京: 高等教育出版社

张嗣瀛, 高立群. 2006. 现代控制理论. 北京: 清华大学出版社

张旭. 2014. 关于控制学科发展的若干思考——纪念"关肇直奖"设立 20 周年. TCCT 通讯, 7

张旭. 2014. 数学控制论浅谈. 数学所讲座

张学铭. 1989. 最优控制系统的微分方程理论. 北京: 高等教育出版社

周建平, 雷勇军. 2010. 分布参数系统的传递函数方法. 北京: 科学出版社

Adamas R. 1975. Sobolev Spaces. New York: Academic Press

Alves M, Rivera J M, Sepulveda M, et al. 2014. The asymptotic behavior of the linear transmission problem in viscoelasticity. Math. Nachr., 287: 483–497

Belevitch V. 1968. Classical Network Theory. San Francisco: Holden-Day

Borichev A, Tomilov Y. 2010. Optimal polynomial decay of functions and operator semi-groups. Math. Ann., 34(2) : 455–478

Brown J W, Churchill R V. 2013. Complex Variables and Applications. London: McGraw-Hill

Chen G, Fulling S A, Narcowich F J, et al. 1991. Exponential decay of energy of evolution equation with locally distributed damping. SIAM J. Appl. Math., 51(1): 266–301

Chen S, Liu K, Liu Z. 1998. Spectrum and stability for elastic systems with global or local Kelvin-Voigt damping. SIAM J. Appl. Math., 59(2): 651–668

Corless M J, Frazho A E. 2003. Linear Systems and Control: An Operator Perspective. Boca Raton: CRC Press

Curtain R F, Zwart H J. 1995. An Introduction to Infinite-Dimensional Linear Systems

Theory. New York: Springer-Verlag

Dorf R C, Bishop R H. 2001. Modern Control Systems. New Jersey: Prentice Hall

Engel K J, Nagel R. 2000. One-Parameter Semigroups for Linear Evolution Equations. New York : Springer-Verlag

Hautus M L J. 1969. Controllability and observability conditions of linear autonomous systems. Nederl. Akad. Wet. Proc. Ser. A, 72 (5) :443–448

Hinrichsen D, Pritchard A J. 2005. Mathematical Systems Theory, I Modelling, State Space Analysis, Stability and Robustness. Berlin: Springer-Verlag

Hirsch M W, Smale S. 1974. Differential Equations, Dynamical Systems, and Linear Algebra. New York: Academic Press

Huang F. 1985. Characteristic conditions for exponential stability of linear dynamical systems in Hilbert spaces. Ann. Differential Equations, 1(1): 43–56

Kato T. 1980. Perturbation Theory for Linear Operators. New York: Springer-Verlag

Komornik V. 1994. Exact Controllability and Stabilization: The Multiplier Method. Paris: Wiley-Blackwell

Krstic M, Smyshlyaev A. 2008. Boundary Control of PDEs : A Course on Backstepping Designs. New York: Society for Industrial and Applied Mathematics

Lee E B, Markus L. 1986. Foundations of Optimal Control Theory. Malabar: Krieger Pub Co

Lions J L. 1998. Exact controllability, stabilization and perturbations for distributed systems. SIAM Rev., 30 : 1–68

Liu K, Liu Z, Zhang Q. 2017. Eventual differentiability of a string with local Kelvin-Voigt damping. ESAIM: Control, Optimization and the Calculus of Variations, 32: 443– 454

Liu Z, Rao B. 2005. Frequency domain characterization of rational decay rate for solution of linear evolution equations. Z. Angew. Math. Phys., 56(4): 630–644

Liu Z, Zhang Q. 2016. Stability of a string with local Kelvin-Voigt damping and non-smooth coefficient at interface. SIAM J. Control. Optim., 54: 1859–1871

Pazy A. 1983. Semigroups of Linear Operators and Applications to Partial Differential Equations. New York: Springer-Verlag

Popov V M. 1973. Hyperstability of Control Systems. New York: Springer-Verlag

Prüss J. 1984. On the spectrum of C_0-semigroups . Trans. Amer. Math. Soc., 284(2): 847–857

Renardy M. 2004. On localized Kelvin-Voigt damping. Z. Angew. Math. Mech., 84(4):

280–283

Rudin W. 1987. Real and Complex Analysis. New York: McGraw-Hill

Rudin W. 1991. Functional Analysis. New York: McGraw-Hill

Russell D L. 1978. Controllability and stabilizability theory for linear partial differential equations: Recent progress and open problems., SIAM Rev., 20: 639–739

Sinha A. 2007. Linear Systems: Optimal and Robust Control. London : CRC Press

Terrell W J. 2009. Stability and Stabilization: An Introduction. Princeton: Princeton University Press

Tucsnak M, Weiss G. 2009. Observation and Control for Operator Semigroups. Basel: Birkhäuser Verlag

Yao P. 2011. Modeling and Control in Vibrational and Structural Dynamics: A Differential Geometric Approach. Boca Raton: CRC Press

Zabczyk J. 2008. Mathematical Control Theory: An Introduction. Boston: Birkhäuser Boston

Zhang Q. 2010. Exponential stability of an elastic string with local Kelvin-Voigt damping. Z. Angew. Math. Phys., 61(6): 1009–1015

Zhou K, Doyle J C, Glover K. 1996. Robust and Optimal Control. New Jersey: Prentice Hall